Laurent Ineichen

Konzeptvergleich zur Bekämpfung der Torsionsschwingungen im Antriebsstrang eines Kraftfahrzeugs

KARLSRUHER INSTITUT FÜR TECHNOLOGIE (KIT)
SCHRIFTENREIHE DES INSTITUTS FÜR TECHNISCHE MECHANIK

Band 20

Eine Übersicht über alle bisher in dieser Schriftenreihe erschienene Bände finden Sie am Ende des Buchs.

Konzeptvergleich zur Bekämpfung der Torsionsschwingungen im Antriebsstrang eines Kraftfahrzeugs

von
Laurent Ineichen

Dissertation, Karlsruher Institut für Technologie (KIT)
Fakultät für Maschinenbau
Tag der mündlichen Prüfung: 03. August 2012

Impressum

Karlsruher Institut für Technologie (KIT)
KIT Scientific Publishing
Straße am Forum 2
D-76131 Karlsruhe
www.ksp.kit.edu

KIT – Universität des Landes Baden-Württemberg und
nationales Forschungszentrum in der Helmholtz-Gemeinschaft

KIT Scientific Publishing 2013
Print on Demand

ISSN 1614-3914
ISBN 978-3-7315-0030-8

Konzeptvergleich zur Bekämpfung der Torsionsschwingungen im Antriebsstrang eines Kraftfahrzeugs

---

Zur Erlangung des akademischen Grades

Doktor der Ingenieurwissenschaften

der

Fakultät für Maschinenbau
Karlsruher Institut für Technologie (KIT)

genehmigte
Dissertation

von

Dipl.-Ing. Laurent Ineichen
aus Strasbourg

Tag der mündlichen Prüfung: 3. August 2012
Hauptreferent: Prof. Dr.-Ing. habil. Alexander Fidlin
Korreferent: Prof. Dr.-Ing. Dr.-Ing. habil. Heinz Ulbrich

Kurzfassung

Torsionsschwingungen im Antriebsstrang sind aus Komfort- und Festigkeitsgründen unerwünscht. Mit Hilfe von systematischer Modellreduktion wird ein Minimalmodell erzeugt, womit unterschiedliche Konzepte von Isolatoren und Tilgern zur Bekämpfung der Torsionsschwingungen untersucht werden. Dabei werden auch Sprungantwort und Energiebedarf bewertet.

Der klassische passive Isolator soll schwer und nachgiebig sein. Es wird gezeigt, dass die Dämpfung in Abhängigkeit der Frequenz optimal bezüglich der stationären Isolationsgüte gewählt werden kann. Es wird eine semiaktive hydraulische Variante mit Aktor und nichtlinearem Regelungsgesetz vorgeschlagen, um die Verformung des Isolators aufgrund statischer Last zu minimieren. Je nach Auslegung, Anregung und Anfangsbedingungen können stationäre fremderregte oder selbsterregte Schwingungen, chaotische Schwingungen oder sogar globale Instabilität simulationstechnisch nachgewiesen werden. Die Existenzbereiche dieser Lösungen werden mit Bifurkationsdiagrammen und Stabilitätskarten bestimmt.

Eine innovative steuerbare Variante eines Fliehkraftpendels wird untersucht. Das Schalten zwischen unterschiedlichen Tilgerordnungen wird detailliert betrachtet und eine optimale Schaltstrategie vorgeschlagen.

Um die Auslegung von solchen Systemen zu vereinfachen, wird ein grafisches Werkzeug (die Verhaltenskarte) vorgeschlagen, womit Stabilät und Aperiodizität eines linearen Systems mit konstanten Koeffizienten im Parameterraum kompakt dargestellt werden kann. Ein Kriterium anhand der Struktur der Beobachbarkeitsmatrix wird formuliert und bewiesen. Die Kombination dieser zwei Werkzeuge ermöglicht es, die Parameter des Systems so zu wählen, dass die Sprungantwort des Systems aperiodisch und monoton erfolgt. Insbesondere können Überschwinger ausgeschlossen werden.

Danksagung

Die vorliegende Arbeit enstand während meiner Mitarbeit bei der Firma Luk GmbH & Co KG. In erster Linie möchte ich Herrn Prof. Dr.-Ing. habil. Alexander Fidlin besonders danken. Er hat einerseits diese Arbeit vorgeschlagen und als Vorgesetzter ermöglicht und gefördert. Andererseits hat er nicht nur die fachliche Betreuung übernommen. Ich habe dabei viel gelernt und viel Spaß gehabt.

Für die Übernahme des Korreferats und den damit verbundenen Aufwand möchte ich Prof. Dr.-Ing. Dr.-Ing. habil. Heinz Ulbrich von der TU München besonders danken.

Ich danke den Herren Prof. Dr.-Ing. Wolfgang Seemann und Prof. Dr.-Ing. Carsten Proppe vom Karlsruher Institut für Technologie. Sie haben mich als externer Doktorand am Institut für Technische Mechanik angenommen. Dank Ihrer Unterstützung konnte ich mich dort gut integrieren.

Ich danke Herrn Dr. Kremer. Bei ihm habe ich die Tätigkeit als Berechnungsingenieur gelernt. Er hat immer bei allen Diskussionsthemen wertvolle Hinweise dank seines breiten Wissens und ebenso breiter Büchersammlung gegeben.

Ich möchte den Kollegen der Abteilung XF und aus den Hydraulikabteilungen besonders danken. Einerseits gibt es eine sehr angenehme Arbeitsstimmung. Multikulti ist dort kein leeres Wort, was sehr fruchtbar ist. Andererseits sind sie sehr erfahrene Kollegen mit tiefen Kompetenzen in ihrem Bereich. Ich habe bei ihnen viel gelernt. Ich danke besonders Herrn Dr.-Ing. Wolfgang Stamm. Er hat mir für die Übungen über nichtlineare Dynamik das Material übergeben und damit LaTeX beigebracht. Auf eine Konferenz mit ihm zu fahren war ein Vergnügen. Und er hat diese Arbeit kritisch gelesen.

Allen Kollegen des Instituts für technische Mechanik sei herzlich gedankt. Sie haben mich einbezogen und waren immer bereit, freundlich über meine Thematik und alles Mögliche zu diskutieren. Institutseminare waren wirklich schöne Zeiten. Ich danke besonders Herrn Dipl. Ing. Dominik Kern für die fruchtbare Diskussion über die Systeme von linearen Differentialgleichungen.

Ich möchte meiner Familie, meinen Eltern Denise und Joel und meiner Schwester Joanne danken. Danke an meine vier Großmütter. Alle haben immer an mich geglaubt und mich viel unterstützt.

Zu guter Letzt möchte ich meiner lieben Stéphanie danken. Mit ihr ist das Leben schön.

Inhaltsverzeichnis

1 Einleitung

In der vorliegender Arbeit werden Torsionsschwingungen im Antriebsstrang eines Personalkraftwagens untersucht. Der Verbrennungsmotor wandelt rund ein Drittel der verfügbaren chemischen Energie des Kraftstoffs in mechanische Arbeit um. Dabei ist die Leistungsdichte des Kraftstoffs so groß, dass ein guter Fahrer aus Freiburg, trotz des bescheidenen Wirkungsgrads des Motors, Berlin erreichen kann, ohne zwischendurch zu tanken.

Die Energieumwandlung ist nämlich mit direkten und indirekten Verlusten behaftet. Direkte Verluste werden mit dem Wirkungsgrad charakterisiert. Bei Verbrennungsmotoren sind die Verlustquellen wohl bekannt. Die Thermodynamik der Verbrennungsprozess ist nicht optimal, es gibt mechanische Verluste wie Reibung oder Leckage. Indirekte Verluste werden oft übersehen.

Der Verbrennungsprozess in einem Zylinder verursacht ein Moment, das sehr unregelmäßig ist. Dagegen werden mehrere Zylinder so in Reihe geschaltet, dass das Moment glätter wird. Nichtsdestotrotz sollen aus Festigkeits- und Komfortgründen die Momentschwankungen stark reduziert werden. Werden sie „weggedämpft", dann geht diese mechanische Arbeit verloren. Werden sie so umgeformt, dass die mechanische Arbeit der Schwingungen doch verwendet wird, können indirekte Verluste vermieden werden. Ein Beispiel dafür wäre ein ideal elastischer Freilauf. Damit kann eine schwingende Geschwindigkeit mit Mittelwert Null in eine Bewegung, deren Geschwindigkeitsmittelwert ungleich null ist, umgewandelt werden.

In dieser Arbeit werden innovative Ausführungen von klassischen Methoden angewendet. Damit können Momentschwankungen deutlich reduziert werden. Der Energieverbrauch dieser Lösungen wird untersucht. Es wird beobachtet, wieviel Energie die Aktoren der aktiven Systeme verbrauchen. Es wird aber nicht evaluiert, wieviel Energie insgesamt wegen der Aktion der Aktoren aus dem Antriebsstrang extrahiert wird.

Warum sind Momentschwankungen unerwünscht ? Zur Erklärung kann ein Metapher verwendet werden. Ein Fahrzeug besteht aus vielen Systemen und Teilen, die mit dem allgemeinen Begriff „mechanische Organe" bezeichnet werden können. Dieses Wort bezeichnet seit DESCARTES [14] eine klare Analogie mit einem Körper, der aus zusammengebündelten Organen besteht. Zwischen dem Inneren und dem Äußeren muss es eine Grenze geben, die manchen Austausch fördert und anderen verhindert. Der sichtbarste Teil der Grenze ist wiederum ein Organ, die Haut. Eine Rolle der Haut besteht offensichtlich darin, die internen Organe vor externen schädlichen Stoffen, Mikroben, Strahlungen oder mechanische Beanspruchungen zu schützen.

Der Kern eines Fahrzeugs ist der Antriebsstrang, vom Motor bis zu den Rädern. Seine Komponenten bilden die mechanischen „Organe". Wie ihr organisches Pendant sollen sie vor Angriffen und vor allem vor mechanischen Schwingungen aus Festigkeitsgrüden geschützt werden. Diese Aufgabe soll von der Haut übernommen werden. Sie besteht also aus allen Teilen, die zur Schwingungsbekämpfung benutzt werden.

Um bei der Metapher zu bleiben, soll auf die Seele innerhalb des Körpers auch Rücksicht genommen werden. Das ist die Quelle für alle Überlegungen zum Thema Komfort. Die mechanischen Schwingungen sollen von den Fahrgästen und dem Fahrer nicht wahrgenommen werden. Dabei sind spürbare Schwingungen des PKWs wie z.B. Rupfen oder Schwingungen vom Kupplungspedal sowie akustische Störungen gemeint. In dieser Arbeit werden eher niederfrequente Schwingungen betrachtet, aber die Methoden bleiben für höhere Frequenzbereiche gültig.

Die erwähnten Probleme waren wahrscheinlich schon bei dem ersten PKW von Bedeutung. Sie werden aus mehreren Gründen immer brisanter. Einerseits verbessern sich die Verbrennungsmotoren ständig. Mit Verbesserung ist gemeint, dass die CO_2-Emissionen reduziert werden, ohne die mechanische Leistung deutlich zu verkleinern. Dahinter stecken Konzepte wie „downsizing“ und „downspeeding“, oder Strategien wie Zylinderabschaltung [15]. Diese Motoränderungen haben zur Folge, dass die Motoren langsamer drehen werden und stärkere Momentschwankungen liefern werden. Die aktuellen mechanischen Organe dürfen aber nicht stärker beansprucht werden, weil sie im Sinne von Bauraum, Toleranzen, Gewicht usw. so optimiert und kritisch ausgelegt werden, dass Sicherheitsfaktoren für die Festigkeit bereits grenzwertig sind. Andererseits werden die Kunden immer wählerischer, wenn es um Komfort geht.

In der vorliegenden Arbeit sollen Konzepte zur Reduktion von Torsionsschwingungen dargestellt, untersucht und verglichen werden. Der Text wird in zwei Hauptteile gegliedert. Im ersten Teil werden die unterschiedlichen Konzepte dargestellt und verglichen. Der zweite Teil ist ein Anhang, wo alle nötigen mathematischen Werkzeuge zusammengefasst und zum Teil hergeleitet werden.

Zunächst werden in Kapitel 3 der Antriebsstrang und die verschiedenen Fahrtsituationen dargestellt. Dann wird ein reduziertes Modell vorgeschlagen. Anhand dieses Modells werden unterschiedliche Konzepte untersucht und in Bezug auf drei Kriterien bewertet:

- Reduktion der Torsionssschwingungen
- Energieverbrauch
- Reduktion der Schwingungsanregung durch Lastwechsel

Das erste Kriterium ist das wichtigste, es handelt sich um die Hauptaufgabe der in dieser Arbeit beschriebenen Systeme. Die Amplituden der stationären Momentenschwankungen sollen stark reduziert werden. Falls die Systeme aktiv sind, dann soll offensichtlich der Energieverbrauch minimal sein.

Das dritte Kriterium wird als Nebenaufgabe formuliert. Können die vorgeschlagenen Konzepte zur Reduktion der Schwingungen, die von einem Lastwechsel (Übergang von einer Beschleunigungsfahrt zum Ausrollen oder umgekehrt) verursacht werden, beitragen? Sie

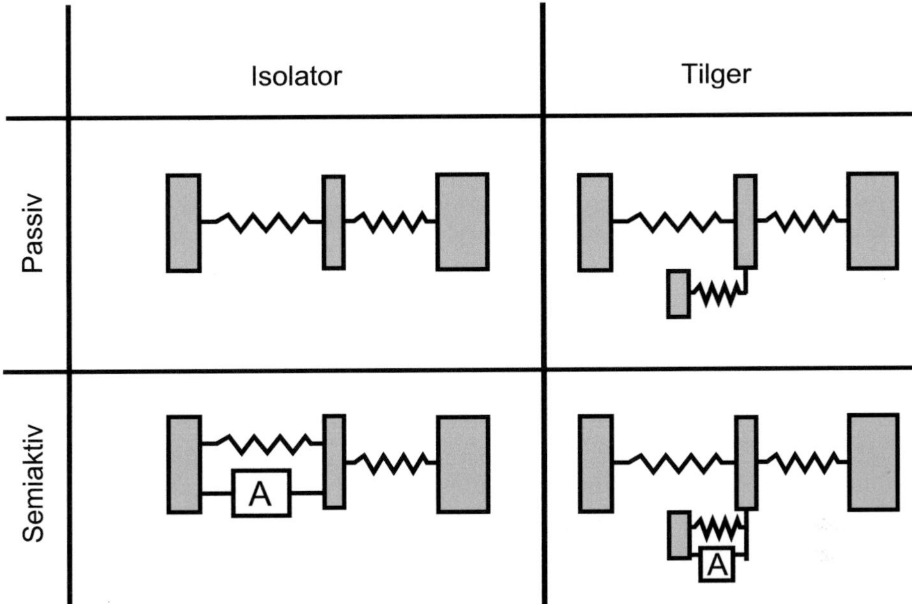

Bild 1.1: Unterschiedliche Konzepte zur Reduktion der Torsionsschwingugen

sollen nicht nur stationär sondern auch transient wirksam sein. Infolgedessen könnte die Motorsteuerung einfacher werden.

Das erste Konzept, das im Kapitel 4 untersucht wird, ist die passive lineare Isolation (siehe Bild 1.1, oben links). Der Einfluss der Modellparameter wird detailliert untersucht. Es wird gezeigt, dass der Isolator schwer und weich sein soll, um die stationären Schwingungen zu filtern. Das hat aber zur Folge, dass die Verformung des Systems wegen Mittelmoment groß ist. Es wird auch gezeigt, dass die Dämpfung bezüglich Anregungsfrequenz optimal ausgelegt werden kann und dass eine Sprungantwort ohne Überschwinger grundsätzlich möglich ist. Passive Isolation ist letzendlich ein Kompromiß zwischen Güte der stationären Isolation, statischer Verformung und Größe des Überschwingers bei Sprungantwort.

Ein Konzept eines semiaktiven Systems wird in Kapitel 6 vorgeschlagen (Siehe Bild 1.1, unten links). Damit sollen die statischen Verformungen stark reduziert werden, ohne die Güte der Isolation zu beeinträchtigen. Die Kernelemente des Systems sind ein hydraulischer Aktor, seine hydraulische Steuerung und eine inverse Feder. Die hydraulische Steuerung ist grundsätzlich ein nichtlinearer Druckregler. Die Dynamik des Reglers ist kompliziert und wird in Kapitel 5 getrennt untersucht. Periodische Lösungen werden mit der Methode der harmonischen Balance näherungsweise bestimmt. Das Newtonverfahren wird dann eingesetzt, um die Grenzzyklen in Abhängigkeit von einem Parameter zu verfolgen. Es werden Monte-Carlo-Simulationen durchgeführt, um Bifurkationsdiagramme zu bestimmen. Danach kann das ganze semiaktive System bezüglich Isolation, Sprungantwort und Energieverbrauch bewertet werden.

Im Kapitel 7 wird eine besondere Tilgerart, ein Fliehkraftpendel, untersucht (Siehe Bild 1.1, unten rechts). Das klassische Fliekraftpendel kann eine Motorordnung tilgen. Falls die Anregung mehrere Ordnungen enthält, reicht es nicht mehr aus. Es wird ein Konzept von einem steuerbaren Fliehkraftpendel vorgeschlagen. Es stellt sich die Frage von dem Wechsel von einer Ordnung zu einer anderen. Dafür wird eine Steuerungsstrategie mit LQR Methode anhand des linearisierten Systems hergeleitet und auf das nichtlineare System angewendet. Die Ergebnisse bezüglich der Dynamik des Schaltens sind gut, wenn große kurzzeitige Leistungsspitzen zugelassen werden (das ist eine Anforderung an die Leistungselektronik).

Im Anhang werden alle nötigen mathematischen Werkzeuge vorgestellt, mit einem Fokus auf Syteme von linearen, bzw. linearisierten Differentialgleichungen. Dabei geht es um klassische Methoden der Dynamik, beziehungsweise der Regelungstechnik, die gegebenenfalls auf die Bedürfnisse dieser Arbeit angepasst worden sind.

Es wird im Abschnitt 9.1 erwähnt, wie nichtlineare Systeme linearisiert werden können. Zur Bestimmung von periodischen Lösungen werden die analytische Methode der harmonischen Balance im Abschnitt 9.2 und das numerische Newtonverfahren für nichtlineare, vor allem stückweise lineare Systeme im Kapitel 10 dargestellt.

Dann werden im Kapitel 11 Systeme von linearen Differentialgleichungen mit konstanten Koeffizienten im Detail untersucht. Dabei werden Verhaltenskarten abgebildet. Es handelt sich um die Darstellung der Kriterien von HURWITZ [30] und von FULLER[22]. Die Verhaltenskarten bieten eine kompakte Darstellung im Parameterraum folgender Systemeigenschaften:

- Stabilität
- Aperiodizität der Sprungantwort

Es wird eine interessante Eigenschaft der Struktur der Beobachbarkeitsmatrix über die Zusammenhänge zwischen der Systemdarstellung in Zustandsform und in Regelungsnormalform bewiesen. Davon wird ein Kriterium hergeleitet. Werden die Systemparameter mit Hilfe der Verhaltenskarte so gewählt, dass einerseits das System stabil und aperiodisch ist und andererseits das erwähnte Kriterium erfüllt ist, dann ist die Sprungantwort eine im voraus gewählte Zustandsgröße aperiodisch und monoton. Insbesondere gibt es keinen Überschwinger. In diesem Teil wird auch ein alternativer Beweis eines Theorems über den Einfluss der Eigenwerte auf die Sprungantwort einer Zustandsgröße des Systems in Regelungsnormalform vorgeschlagen.

Schließlich wird im Kapitel 12 die LQR-Methode erklärt, um optimale Regelungen für lineare Systeme bezüglich eines quadratischen Kriteriums zu entwickeln.

2 Stand der Technik

In der vorliegenden Arbeit werden Methoden untersucht, um Torsionsschwingungen zu bekämpfen. Da die Problematik nicht neu ist, gibt es zahlreiche Literatureinträge dazu. Die vorgeschlagenen Lösungen lassen sich je nach Energiebedarf eingliedern. Zunächst werden passive Lösungen erwähnt, die keine zusätzliche Energiequelle brauchen. Dafür sind sie ziemlich robust. Dann werden aktive Lösungen betrachet, die eine externe Energiequelle benötigen.

Aktive Lösungen lassen sich in zwei Kategorien gliedern: Aktive (auch vollaktive) und semiaktive Systeme. Die Grenze zwischen diesen zwei Welten ist relativ unscharf. Es wird in dieser Arbeit die Definition von PREUMONT [71] verwendet. „Semiaktive Systeme brauchen viel weniger Energie als aktive Systeme. [...] Eine kritsche Sache bei aktiver Regelung ist Robustheit der Stabilität bezüglich Sensorausfall [...]. Im Gegensatz dazu sind semiaktive Regelungseinrichtungen im Wesentlichen passive Einrichtungen, deren Eigenschaften (Steifigkeit, Dämpfung, ...) in Echtzeit angepasst werden können. Sie können aber keine Energie direkt dem geregelten System zuführen.“

Es gibt zahlreiche passive Lösungen, die immer einen Kompromiss zwischen verschiedenen entgegengesetzten Zielen bilden. Ein sehr ausführlicher Überblick (mehr als 500 Literatureinträge) wird von IBRAHIM [31] gegeben. Davon können zwei Familien erkannt werden: Isolator und Tilger. Isolatoren befinden sich im Kraftfluss zwischen der Anregung und den zu schützenden Organen. Tilger werden im Gegenteil durch eine Verzweigung zum Hauptsystem gekoppelt.

Eine sehr verbreitete Strategie, um Organe zu schützen, besteht darin, die Haut schwer und lose auszulegen. Es geht um Isolation. Damit ist gemeint, dass das schwankende Moment auf eine künstlich große Trägheit, die sich im Kraftfluss befindet, wirkt. Aus diesem Grund wird sie wenig beschleunigt. Wird sie mit den weiteren Aggregaten weich gekoppelt, werden die Schwingungen kaum übertragen. Die Momentschwankungen werden von der großen Trägheit abgefangen, es handelt sich um einen Tiefpassfilter. Für lineare System können Beispiele in zahlreichen Lehrbüchern wie MAGNUS und POPP[55] gefunden werden.

Es können auch weitere Massen und Federn im Kraftfluss zwischen der Anregung und dem zu schützenden Organ eingefügt werden. Ein gutes Beispiel sind die hydraulischen Motorblöcke, die zum Beispiel von WANG [93] beschrieben werden. Sie sollen dazu dienen, die Karosserie vor Motorschwingungen zu schützen. Sie bestehen aus verschiedenen weichen Gummikammern, die durch dünne Kanäle verbunden sind. Das Fluid in den Kanälen übernimmt die Rolle der zusätzlichen Masse. Sie wird hydraulische Induktivität genannt.

Die Masse des Fluids ist relativ klein, dafür können seine Geschwindigkeit und die kinetische Energie relativ groß sein. Es ergibt sich ein System, dessen Impedanz stark von der Frequenz abhängt.

Die Güte von nichtlinearen Isolatoren wird zum Beispiel von RAVINDRA [75] untersucht. Er kommt zum Ergebnis, dass die Isolatoren deren Rückstellkraft symmetrisch ist und deren Ableitung bei steigender Verfomung abnimmt eher besser sind. Es gibt viele Referenzen mit solch einer Charakteristik, die mit dem Begriff Steifigkeit Null zusammengefasst werden. Die Arbeit von CARELLA [9] ist ein Beispiel davon. Die Idee besteht darin, die Kennlinie so auszulegen, dass die Verformung unter der statischen Last klein ist. Trotzdem soll die Steifigkeit lokal klein sein, um eine hinreichende Isolierungsgüte zu erreichen. Eine elegante Anwendung des Systems mit Null Steifigkeit wird von SOKOLOV, BABITSKY und HALLIWELL [83] vorgeschlagen. Damit werden die starken Schwingungen eines Presslufthammers mit Hilfe eines Stoßschwingers und eines pneumatischen Systems mit kleiner Steifigkeit beruhigt.

Nichtlineare Isolatoren können auch so gestaltet werden, dass die Antwort des Systems chaotisch wird. Damit wird erreicht, dass die übertragene mechanische Leistung über einen Frequenzbereich kontinuierlich verteilt wird, statt sich in wenigen einzelnen Peaks mit hoher Amplitude zu konzentrieren. Diese Strategie wird von LOU [52] versuchstechnisch nachgewiesen.

Die zweite Familie von passiven Systemen sind die Tilger. Ein Tilger besteht grundsätzlich aus einer zusätzlichen Masse, die mit dem Hauptsystem elastisch durch eine Verzweigung verbunden wird. Das Verhältnis von der Steifigkeit zur Masse bestimmt die Frequenz, die von diesem Filter geschnitten wird. Die Grundidee besteht darin, dass die zusätzliche Masse so schwingen soll, dass die Anregungskräfte und die Kräfte, die der Tilger duch die elastische Kopplung ausübt sich kompensieren. Damit wird die Hauptmasse beruhigt. Für den Einmassenschwinger mit einem gedämpften Tilger gibt es sogar eine optimale Auslegung, die von DEN HARTOG [13] im Jahre 1956 vorgeschlagen worden ist. Diese optimale Lösung wird von LIU [50] 2005 ergänzt. Eine interessante konkrete Anwendung eines Tilgers bei einem Hubschrauber wird von MCGUIRE [59] beschrieben. Eine Fluidsäule übernimmt die Rolle der Masse. Die Fluidgeschwindigkeit kann relativ groß sein und es ist dann äquivalent zu einem Tilger, wo die Tilgermasse über einen Hebel angekoppelt ist.

Eine besondere Art von Tilger ist das Fliehkraftpendel, dessen Beschreibung in DEN HARTOG [13] zu finden ist. Das Ziel dieses Tilgers besteht darin, Drehschwingungen zu bekämpfen. Ein Pendel wird an eine drehende Masse angekoppelt. Es bildet einen Tilger, dessen Tilgerfrequenz proportional zur mittleren Drehzahl der Hauptmasse ist. Bei drehenden Systemen ist die Anregung oft proportional zur Drehzahl. Der Tilger paßt sich damit an die Anregung an. Das Konzept ist zwar alt, es gibt immer noch Forschung und Innovation in diesem Bereich, weil das System grundsätzlich nichtlinear ist. Es werden unterschiedlichen Aufhängungen der Pendelmasse untersucht. ALSUWAIYAN [2] vergleicht analytisch und numerisch verschiedene Aufhängungen bezüglich Tilgergüte. MADDEN [54] hat eine Bahn patentiert, damit das bifilare Pendel isochron läuft. Die Frage des Einflusses der Bahngeometrie und der Pendelabstimmung auf die Synchronisierung der Massen und die

Bifurkation zwischen verschiedenen Regimen sind immer noch Forschungsthemen. Shaw [44] [63] untersucht Kreis- und Zykloidbahn. Er stellt fest, dass eine Zykloidbahn, deren Abstimmung leicht von dem theoretischen Idealwert abweicht, günstig bezüglich Stabilität bei großer Pendelbewegung ist. Das Fliehkraftpendel wird heute im Automobilbereich erfolgreich von der Firma LuK [41] eingesetzt.

Für nichtlineare Systeme ist die Auslegung des Tilgers schwieriger und in der Regel nicht mehr analytisch machbar. Dazu gibt es eine reiche Auswahl an Literatur. Vakakis [72] untersucht analytisch und numerisch die Güte des Energietransfers zwischen dem Hauptsystem und dem Tilger bei kleiner Dämpfung. In einer weiteren experimentellen Arbeit [65] wird ein nichtlinearer Tilger an ein reduziertes Modell eines Gebäudes angekoppelt. Der Tilger kann das Versuchsmodell effizient gegen ein künstliches Erdbeben schützen.

Eine weitere Art von nichtlinearen Tilgern sind die autoparametrischen Tilger. Es geht um Tilger, die theoretisch in Ruhe bleiben können, wenn das Hauptsystem schwingt. Bei richtiger Abstimmung des Tilgers wird diese Ruhelage instabil. Die Schwingungsenergie kann dann aus dem Hauptsystem in den Tilger fließen. Im Buch von Tondl [88] können zahlreiche Beispiele aus der Praxis gefunden werden.

Chaotische Tilger sind noch selten zu finden. Ein Beispiel wird von Maruyama [58] experimentell untersucht. Er verwendet einen geknickten Balken als Tilger. Damit wird die Amplitude der Strukturschwingung in der Resonanz um 30% reduziert. Es ist zu bemerken, dass keine Nebenresonanz erzeugt werden. Der Amplitude-Frequenz-Verlauf ist ähnlich zum Verlauf mit einem optimal gedämpften Tilger.

Falls eine zusätzliche Energiequelle zur Verfügung steht, bietet sich die aktive Schwingungsreduktion an. Hinter diesem Begriff verbergen sich zwei unterschiedliche Konzepte. Das erste wird eher in der Akustik angewendet, weil die Schwingungsenergie relativ bescheiden bleibt. Sicher erwähnenswert ist das Patent von Lueg [53], der 1933 das Konzept erfunden hat. Die Idee besteht darin, Gegenschall zu erzeugen. Schall und Gegenschall löschen sich bei der Superposition aus. Die starken Schwingungen im Antriebsstrang mit dieser Methode auszugleichen ist nicht möglich, weil dafür eine Leistung in der Größenordnung eines zusätzlichen Verbrennungsmotor nötig wäre.

Mit aktiver Schwingungsreduktion kann allgemeinen auch gemeint sein, dass ein Aktor zur Verfügung steht. Es stellt sich dann die Frage der optimalen Stelle des Aktors und der optimalen Steuerung bzw. Regelung, üblicherweise als Rückführung. Das berühmteste Beispiel ist wahrscheinlich der lineare „Skyhook“-Dämpfer (Siehe zum Beispiel Casciati[10]). Preumont [71] gibt eine Variante, die für elastische Strukturen stabil anwendbar ist. Der Skyhook ist nicht die einzige Strategie, Xing [96] untersucht mehrere unterschiedliche Strategien. Je nach Anordnung und Regelungsstrategie wirkt der Aktor wie eine effektive positive oder negative Masse, Dämpfung oder Steifigkeit.

Aktive Schwingungsreduktion kostet in der Regel viel Energie. Aus diesem Grund sind semiaktive Konzepte entstanden. Es handelt sich um aktive Systeme, die wenig Energie verbrauchen. In diesem Bereich können zwei Trends erkannt werden. Die erste Idee besteht darin, eine aktive Strategie „passiv“ einzusetzen. Bei vollaktiven Systemen leistet der Aktor positive oder negative Arbeit. Der semiaktive Aktor soll so gesteuert werden, dass er nur Energie aus dem Hauptsystem zieht. Sonst soll er ausgeschaltet werden und damit keine Arbeit leisten. PREUMONT [71] erklärt, wie eine vollaktive Strategie systematisch für semiaktive Anwendungen reduziert werden kann. Hier wird auf ein Steuerungskonzept fokusiert.

Der zweite Trend besteht darin, ein passives System mit Hilfe des Aktors zu verbessern, um den Zielkonflikt effektiver zu lösen. Dabei soll das System so ausgelegt werden, dass der Energieverbrauch klein bleibt. Der Fokus ist auf dem physikalischen System. Dieser Weg wird in Kapitel 6 der vorliegenden Arbeit verfolgt. Es wird ein steifer Isolator mit Hilfe eines Aktors lokal weich gemacht. Damit kann eine gute Isolation mit kleinen Verformungen bei großen Durchschnittsmomenten erreicht werden.

Bei semiaktiven Systemen können klassische Aktoren eingesetzt werden, aber es werden sehr oft Systeme gebaut, die ihre Charakteristik nach Bedarf ändern können. Variable Dämpfung oder variable Steifigkeit werden mit unterschiedlichen Konzepten realisiert. JALILI [35], PREUMONT [71] geben einen Überblick. Hierzu sollen ein Paar Beispiele genannt werden.

Zunächst soll die variable Steifigkeit betrachtet werden. RAMARATNAM [74] schlägt vor, die Anzahl der federnden Windungen einer Druckfeder mechanisch zu ändern. Ein Versuch zeigt, dass die Antwort von einem ungedämpften Einmassenschwinger zu einem Stoß bei geschicktem Schalten der Steifigkeit gedämpft werden kann. WALSH [92] bevorzugt ein Paar von Blattfedern, die an ihrem Ende zusammengeschraubt werden. In ihre Mitte wirkt ein Spindelgetriebe, um sie voneinander zu trennen. Die Steifigkeit des Systems hängt von der Entfernung ab. Diese Idee wird von CRONJÉ [12] auch benutzt, wobei der Aktuator jetzt ein Kolben ist, der von der thermischen Ausdehnung von Wachs geschoben wird.

Systeme mit variabler Dämpfung sind vergleichsweise einfacher zu realisieren. Es reicht nämlich aus, den Durchmesser einer Blende oder einer Drossel in einem hydraulischen Kreis zu ändern. Es können auch elektro- oder magnetorheologische Fluide verwendet werden, die ihre Viskosität stark in einem elektrischen bzw. magnetischen Feld ändern [71]. Unterschiedliche Bremssysteme können angewendet werden. YE [99] untersucht die Unterschiede zwischen einer klassischen Reibungsbremse, einer magnetorheologischen Bremse und einer magnetischen Kupplung. Es werden die Widerstandsmomente und die Schaltzeiten untersucht. Die magnetorheologische Bremse ist besser, wobei das Bremsmoment eher gering (2-3 Nm) ist.

Es sollen noch Systeme erwähnt werden, deren effektive Steifigkeit und Dämpfung nur mit Hilfe von variabler Dämpfung geändert werden können. Es handelt sich um verschiedene Kombinationen (in Reihe oder parallelgeschaltet) von Federn und Dämpfern. Zum Beispiel werden eine Feder und ein Dämpfer parallel geschaltet. Ist der Dämpfer sehr schwach, dann wirkt die Kombination wie eine Feder. Wird der Dämpfer sehr stark, dann ist die Kombination für schnelle Bewegungen eingentlich starr. LIU [51] untersucht eine interessante Kombination von zwei Voigt-Elemente (Blattfeder und magnetorheologischer Fluiddämpfer) sowohl theoretisch wie versuchstechnisch. Die Ergebnisse sind gut.

Als letzte Gruppe seien Systeme mit Piezoaktoren erwähnt. Sie bieten eine große Flexibilität bezüglich Steuerungsstrategie an, weil sie als klassische Elemente der Mechatronik gerade die Grenze zwischen Elektrotechnik und Mechanik bilden. Es gibt zahlreiche Anwendungen, die bekannteste ist wahrscheinlich die Beruhigung eines Balkens mit Hilfe eines Piezopatches. GUYOMAR [26] betrachtet dieses Beispiel und versucht dabei die elektromechanische Umwandlung zu maximieren.

Teil I

Schwingungen im Antriebsstrang

3 Antriebsstrang

Der Antriebsstrang und die typischen Fahrtsituationen werden dargestellt. Es wird ein Modell aus der Literatur erläutert und die Anzahl der Freiheitsgrade wird systematisch reduziert, um ein Minimalmodell zu bekommen.

3.1 Einleitung

In Bild 3.4 wird ein typischer Antriebsstrang dargestellt. Die Torsionsdynamik wird im niedrigen Frequenzbereich (kleiner als 100 Hz) untersucht, weil in diesem Bereich die kundenrelevanten Probleme sich befinden. Infolgedessen wird angenommen, dass der Antriebsstrang sich in Starrkörper gliedern lässt, die durch im Allgemeinen nichtlineare Verbindungen gekoppelt sind. Er wird als eine Drehschwingerkette nachgebildet. Diese Näherung hat sich längst bewährt (Siehe zum Beispiel [16], [76], [80], [94])

Das Ziel dieser Arbeit besteht darin, verschiedene Konzepte zur Reduktion der Torsionsschwingungen im Antriebsstrang zu vergleichen. Es gibt dafür zwei Möglichkeiten. Die erste besteht darin, alle Fahrzustände mit Hilfe unterschiedlicher Modelle detailliert zu untersuchen, um die Leistung jedes Konzepts bei jeder Fahrtsituation zu bewerten. Diese ausführliche Simulationsphase ist notwendig, wenn die Konzepte und die gehörenden Konstruktionen schon relativ ausgereift sind. FIDLIN und SEEBACHER haben diese Vorgehensweise in [19] ausführlich beschrieben.

Es wird hier eine andere Vorgehensweise bevorzugt, die im Rahmen des „Front-Loading"-Trends zu verstehen ist. THOMKE und FUJIMOTO [86] meinen mit diesem Begriff, dass

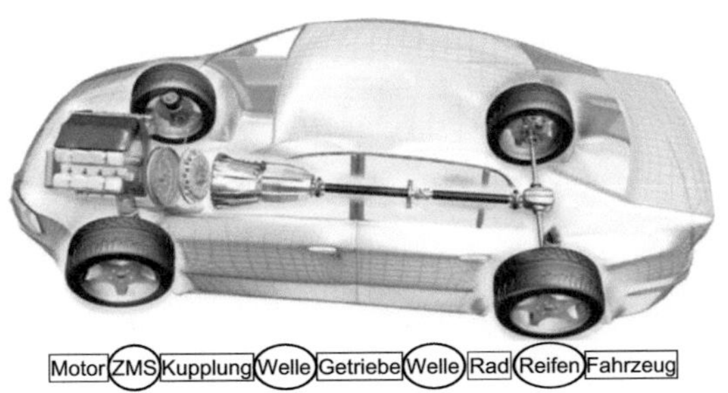

Bild 3.1: Antriebsstrang

schon in einer sehr frühen Entwicklungsphase Fehler erkannt werden müssen. Dafür sollen die Erfahrung vorheriger Projekte und schnelle Computer-Simulationen angewendet werden, um die neuen Konzepte zu testen. Dieser frühe Zeitpunkt bringt natürlich viele Ungewissheiten mit sich. Wickord und Wallaschek [95] haben eine Methode („Front-Load Design“) vorgeschlagen, um diese Unsicherheiten quantifizieren zu können.

In dieser Arbeit werden verschiedene Konzepte zur Schwingungsreduktion anhand von Modellen mit wenig Freiheitsgraden verglichen. Die Grundidee dabei ist, dass ein kleines Modell die Abbildung von einem größeren Modell sein kann. Im Allgemeinen besteht ein Modell aus einer Struktur (üblicherweise Differentialgleichungen[1]) und einem Parametersatz (Masse, Steifigkeit, Rand- und Anfangsbedingungen, usw.). Die Strukturen von unterschiedlichen großen Modellen können durch die gleiche Struktur von einem reduzierten Modell abgebildet werden.

Der Antriebsstrang lässt sich in zwei Substrukturen teilen. Alle Aggregatem vor dem Torsionsdämpfer bzw. nach dem Dämpfer gehören zur Substruktur A bzw. B. Je nach Fahrtzustand sind die Anzahl der Freiheitsgrade in jeder Substruktur und die Parametersätze unterschiedlich. Mit Hilfe von Reduktionsmethoden wird die Anzahl der Freiheitsgrade jeder Substruktur drastisch auf Eins reduziert. Es entsteht damit ein reduziertes Modell des Antriebstrangs mit einer *fixierten* Anzahl von Freiheitsgraden. Die Variation der Fahrtzustände (und dabei der Anzahl der Freiheitsgrade der ursprünglichen Modelle) kann dann in einer Parametervaration des reduzierten Modells vereinfacht werden. Falls manche Parameter der ursprünglichen Modelle ungenau bekannt sind, dann soll die Parametervariation des reduzierten Modells mit statistischen Methoden verfeinert werden.

In Abschnitt 3.2 werden die unterschiedlichen Fahrtzustände gelistet und kurz beschrieben. In 3.3 werden die Beurteilungskriterien für den Torsionsdämpfer beschrieben. In 3.4 wird ein detailliertes Modell zum „Zug“ (Beschleunigungsfahrt) im vierten Gang untersucht.

3.2 Fahrtzustände und Anforderungen

Es gibt unterschiedliche Fahrsituationen. Die Wichtigsten sind in der folgenden Liste zu finden und werden in den nächsten Abschnitten detailliert beschrieben.

- Start
- Leerlauf
- Zug n-ter Gang (Beschleunigungsfahrt)
- Lastwechsel
- Schub (Ausrollen)
- Stopp

[1] Im Buch „Angewandte Mathematik“ von Blechman [6] wird im Geleitwort hervorgehoben, dass Systeme mit Differentialgleichungen zu beschreiben nur eine Möglichkeit ist. Automaten wäre eine Andere.

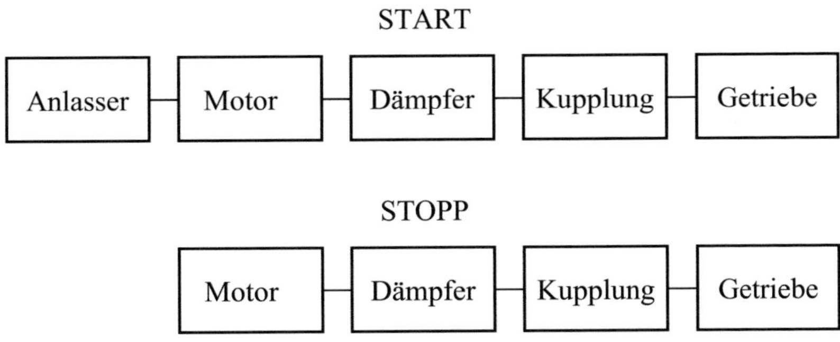

Bild 3.2: Struktur bei Start und Stopp

3.2.1 Start-Stopp: Der Sommerfeldsche Effekt

Beim Start oder Stopp ist die Kupplung normalerweise geschlossen, damit ist der Getriebeeingang mit dem Verbrennungsmotor gekoppelt. Dabei ist das Getriebe auf Neutral und soll keine Leistung zur Abtriebswelle übertragen. Beim Start treibt zunächst der Anlasser den Verbrennungsmotor, bis er zündet. Beim Stopp ist der Anlasser nicht im Kraftfluss. Die Struktur des Antriebsstrangs wird symbolisch in Grafik 3.2 dargestellt.

Bei dieser Fahrtsituation soll der Antriebsstrang beschleunigt bzw. gebremst werden. Das grundlegende Problem, das auftreten kann, ist als Sommerfeldscher Effekt bekannt. Beim Hochlauf oder Bremsen des Antriebsstrangs kann es vorkommen, dass durch eine Resonanz gefahren werden muss. Bei der klassischen Betrachtung des Sommerfeldschen Effekts dient eine Unwucht als Anregung. Im Antriebsstrang übernehmen die Gas- und Massenkräfte des Verbrennungsmotors diese Rolle. Das System neigt dazu, länger als erwartet in der Resonanz zu bleiben. Wenn die Motorleistung nicht ausreicht, schafft es das nicht, aus der Resonanz herauszukommen. Wenn der Motor stark genug ist, wird die Drehgeschwindigkeit langsam steigen, bis sie einen kritischen Wert überschreitet. Sie ändert sich dann sprungartig. Dieses Verhalten ist bezüglich Komfort sehr ungünstig. Der Sprung ist umso größer, je länger das System in der Resonanz geblieben ist.

Die Problematik von dem Resonanzdurchlauf wird von Dresig [16] sehr klar dargestellt. Panovko und Gubanova [66] geben eine mathematische Herleitung des Sommerfeldschen Effekts. Die Herleitung von Blekhman [7] ist ausführlicher aber komplizierter.

Diese Fahrtsituation wird im Rahmen dieser Arbeit nicht betrachtet.

3.2.2 Leerlauf, Zug n-ter Gang und Schub: Entkopplungsbedarf

Die Struktur des Antriebsstrangs für Leerlauf und Zug, bzw. Schub, werden im Bild 3.3 dargestellt. Beim Leerlauf ist die Kupplung geschlossen und das Getriebe auf Neutral. Die Aufgabe besteht darin, das Getriebe vor den vom Verbrennungsmotor verursachteten

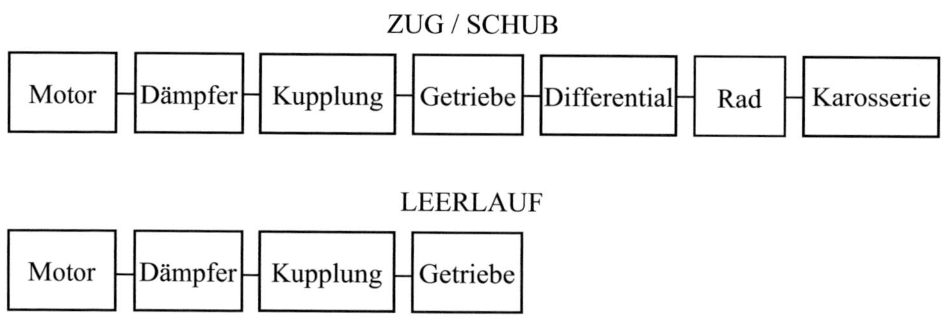

Bild 3.3: Struktur bei Zug, Schub und Leerlauf

großen Momentenschwankungen zu schützen. Die Leerlaufdrehzahl ist relativ niedrig (zur Zeit ca. 800 U/min) und das Mittelmoment ebenso.

Beim Zug und Schub ist die Aufgabe der Entkopplung gleich wie beim Leerlauf, nur sind Anregungsmomente und Drehzahl größer. Ein mittleres Moment bis 500 Nm, Momentengleichförmigkeit bis 1000 Nm sowie eine Drehzahl bis 8000 U/min sind Stand der Technik. Das mittlere Moment ändert sich langsamer als die charakteristische Periode der Momentschwankungen.

Je nach eingelegtem Gang ändert sich die Übersetzung im Getriebe. Bei dem gängigsten Modellansatz für Drehschwingerketten werden die realen Steifigkeiten und Trägheiten mit den Übersetzungen gewichtet. Damit wird die Berechnung der Schwingerkette wesentlich vereinfacht, weil alle Trägheiten im System die gleiche mittlere Geschwindigkeit haben. Die Struktur des Modells bei Gangschaltung ändert sich nicht, sondern die Modellparameter wie die effektive Trägheit und effektive Steifigkeit sollen für jeden Gang ermittelt werden.

3.2.3 Lastwechsel: Schutz vor Anregungssprüngen

Der Übergang von Zug zu Schub oder umgekehrt wird Lastwechsel genannt. Im anspruchsvollsten Fall erfolgt er sehr schnell. Er ist dann äquivalent zu einem Sprung vom mittleren Moment.

3.2.4 Synthetische Anregungen

In diesem Abschnitt werden die Anregungen beschrieben, die für die Simulation verwendet werden.

Periodische Anregung

Bei Leerlauf, Zug und Schub ist die Anregung auf die Gaskräfte im Verbrennungsmotor zurückzuführen. Das Moment ist eine periodische Funktion des Winkels der Kurbelwelle. Es wird aber in dieser Arbeit angenommen, dass die mittlere Drehgeschwindigkeit des Antriebsstrangs sich so langsam mit der Zeit ändert, dass diese Änderung vernachlässigt werden darf. Mit diesem stationären Ansatz (mittlere Drehgeschwindigkeit bleibt konstant) wird das Moment eine periodische Funktion der Zeit, die sich in einer Fourier-Reihe zerlegen lässt:

$$M = M_0 + \sum_{j=1}^{\infty} M_j \sin(j\omega_M t + \psi_j) \tag{3.1}$$

ω_M ist die Motordrehzahl, M_0 das mittlere Moment, M_j und ψ_j die Amplitude und die Phase der Oberschwingung.

Sprungartige Anregung

Beim Lastwechsel kann die Änderung des Anregungsmoments sehr schnell erfolgen. Um diese Anregung nachzubilden ist die Heavisidesche Funktion geeignet. Diese Funktion lautet:

$$h(t) = \begin{cases} 0 & \text{wenn } t \leq 0 \\ 1 & \text{wenn } t > 0 \end{cases} \tag{3.2}$$

Durch geeignete Skalierung kann diese Funktion nicht nur den Lastwechsel von Schub zu Zug nachbilden, sondern auch umgekehrt.

3.3 Bewertungskriterien des Torsionsdämpfers

Im vorherigen Abschnitt sind die verschiedenen Fahrtsituationen dargestellt worden. In dieser Arbeit wird Start-Stopp nicht betrachtet. Bei den anderen Fahrtsituation soll die Auswirkung der Anregung minimiert werden. Was unter Auswirkung genau zu verstehen ist, wird in diesem Abschnitt und in der Tabelle 3.1 zusammengefasst.

Fahrtsituation	**Kriterium**
Start Stopp	nicht bewertet
Leerlauf Schub Zug	Amplituden-Frequenz Verlauf
Lastwechsel	Größe der Überschwinger Dauer der Überschwinger
Falls aktives System	Leistungs- bzw. Energiebedarf

Tabelle 3.1: Daten des Zugmodells

3.3.1 Isolation

Bei Zug, Schub und Leerlauf sollen grundsätzlich die Momentschwankungen, die von den Gaskräften innerhalb des Verbrennungsmotors verursacht werden, von dem Torsionsdämpfer zum Getriebe nicht übertragen werden. Die beste Lösung wäre natürlich ein Spiel (bzw. eine offene Kupplung) zwischen Motor und Getriebe zu organisieren. Als zusätzliche Anforderung beim Zug soll das Mittelmoment möglichst ohne Verlust übertragen werden. Daher kommt ein Spiel nicht mehr in Frage.

Der Torsionsdämpfer übernimmt die Rolle eines Tiefpassfilters. In der Mechanik wird diese Funktion üblicherweise Schwingungsisolation genannt (Siehe zum Beispiel Magnus [55]). Als Bewertungskriterium bietet sich an, ein Amplitudengang über der Frequenz darzustellen. Die Motordrehzahl variiert üblicherweise zwischen 800 und 8000 U/min. Es ergibt sich damit eine periodische Anregung, die von Gleichung (3.1) beschrieben wird. Als Ausgangsvariable werden die Schwingungen der Substruktur B beobachtet. Es wird eine Fourier-Analyse durchgeführt und der Amplitudengang berechnet. Die Amplituden sollen im Allgemeinen klein sein. Die Resonanzen sollen entweder außerhalb des Frequenzbereiches der Anregung liegen, oder deren Amplituden sollen mit Hilfe von Dämpfung oder Nichtlinearität stark begrenzt werden.

3.3.2 Lastwechsel

Beim Lastwechsel ändert sich der Mittelwert des Anregungsmoments sprungartig. Im idealen Fall würde das System diesem Sprung folgen. Wegen der Trägheit können Überschwinger auftauchen. Es dauert eine bestimmte Zeit, bis das System einen stationären Zustand (wenn überhaupt) erreicht. Die Größe und Dauer der Überschwinger sind die Bewertungskriterien für Sprungantwort.

3.3.3 Energiebedarf

Manche Konzepte von Torsionsdämpfern, die untersucht werden, umfassen einen Aktor, der Energie verbraucht. Die verbrauchte Leistung bzw. Energie wird als Bewertungskriterium beobachtet.

3.4 Modell für Zug im vierten Gang

In dieser Arbeit werden unterschiedlichen Modelle, die das Fahrzeugverhalten in den bereits erwähnten Fahrtsituationen beschreiben sollen, mit Hilfe einer systematischen Methode auf ein Minimalmodell reduziert. Dieses Vorgehen wird am Beispiel der Fahrtsituation Zug im vierten Gang durchgeführt. Zunächst wird das detaillierte Modell diskutiert. Es wird in zwei Substrukturen geteilt, deren modale Eigenschaften ermittelt werden sollen, um die Freiheitsgradreduktion durchführen zu können.

3.4.1 Das Modell

In der Literatur kann wenig Information über die Simulationsmodelle der Antriebsstränge für PKWs gefunden werden. Sie werden von den Automobilherstellern, Lieferanten, Dienstleistern oder Softwareherstellern als interne Betriebserfahrung betrachtet und werden daher selten veröffentlicht. Reik [76] und Dresig [16] geben Minimalmodelle bzw. ausführliche Modelle für Zug. Das Modell vom Antriebsstrang beim Zug vierter Gang von Dresig [16], das in Bild 3.4 dargestellt wird, besteht aus fünfzehn Massen, die durch vierzehn Federn verbunden sind. Die Daten sind in die Tabelle 3.2 gegeben. Es wird angenommen, dass die Dämpfungen klein sind, so dass sie zunächst vernachlässigt werden.

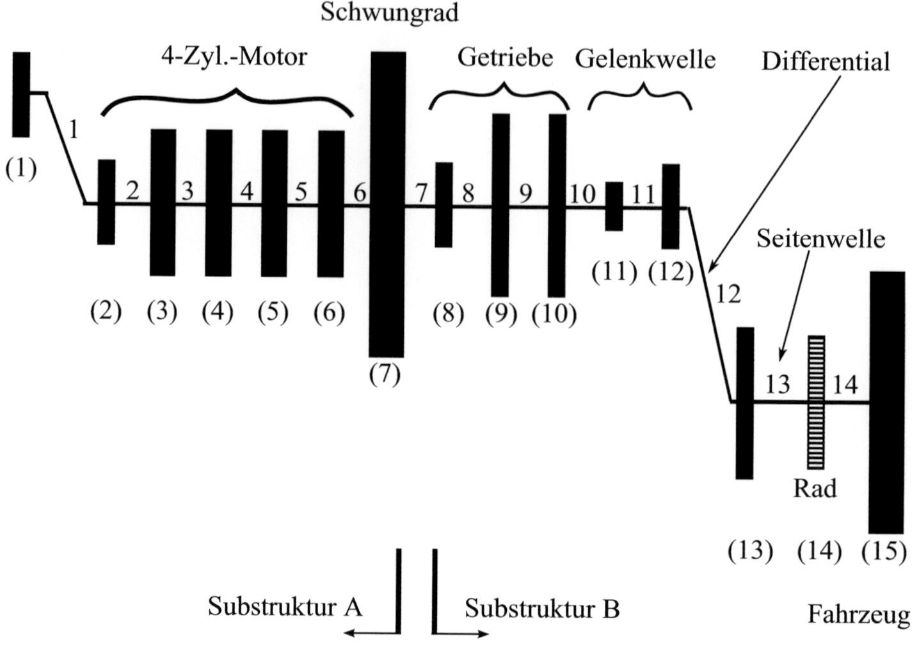

Bild 3.4: Antriebsstrangmodell nach Dresig

Nummer	Trägheit in $10^{-3} kg.m^2$	Steifigkeit in $10^4 N.m/rad$
1	4	2
2	1	9
3	10	45
4	10	45
5	10	45
6	10	50
7	215	0.16
8	0.28	0.9
9	4.25	6
10	2.5	0.9
11	6.5	0.9
12	2.4	0.75
13	2.4	1
14	124	4
15	4748	-

Tabelle 3.2: Daten des Zugmodells

Die Feder 7 zwischen dem Schwungrad (7) und dem Getriebeeingang (8) soll durch eine Einrichtung, die die Schwingungen bekämpfen soll, ersetzt werden. Dafür sollen zunächst die modalen Eigenschaften des Systems untersucht werden.

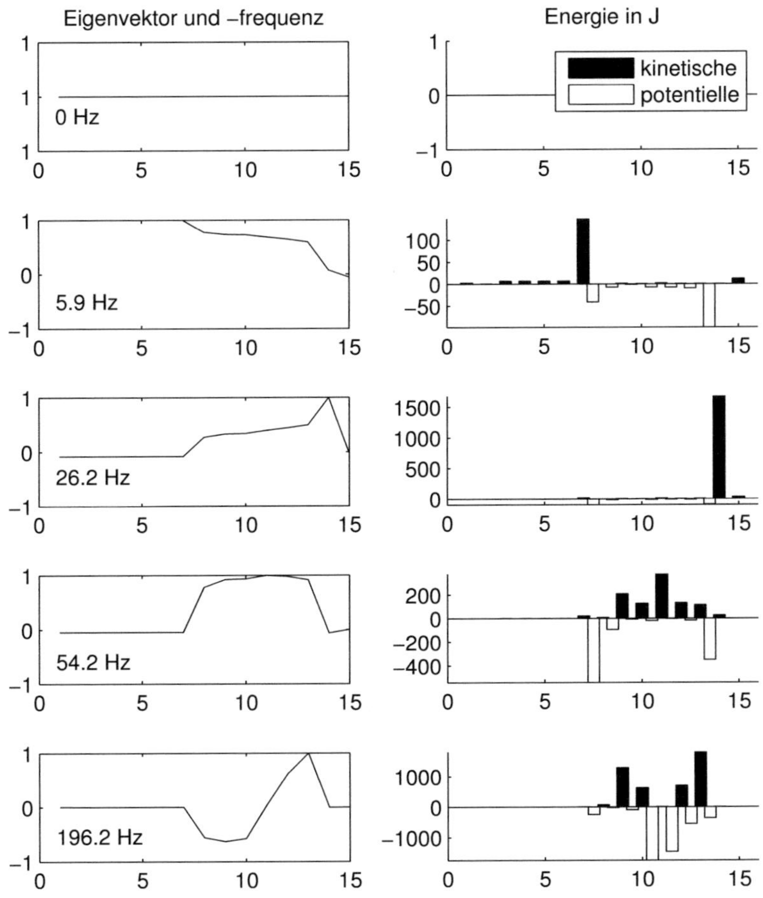

Bild 3.5: Modalanalyse der vollen Struktur

3.4.2 Modale Eigenschaften

In Bild 3.5 sind die Eigenformen und Eigenfrequenzen bis 200 Hz mit der zugehörigen kinetischen und potentiellen Energie des gesamten Antriebsstrangs dargestellt. Die erste Eigenform ist die ungefesselte Starrkörperbewegung. Bei 6 Hz liegt die Resonanz des Schwungrads. Bei 26 Hz ist die Resonanz des Rads. Bei 54 Hz schwingt das Getriebe mit der Gelenkwelle. Motor mit Schwungrad und Rad mit Fahrzeug schwingen gegenphasig zu dem Getriebe, aber mit viel kleinerer Amplitude. Bei 196 Hz schwingen Getriebe und Gelenkwelle gegenphasig.

Systemresonanzen tauchen erst auf, wenn die Anregungsfrequenz mit der Eigenfrequenz übereinstimmt. Bei einem Vierzylindermotor ist die zweite Motorordnung besonders ausge-

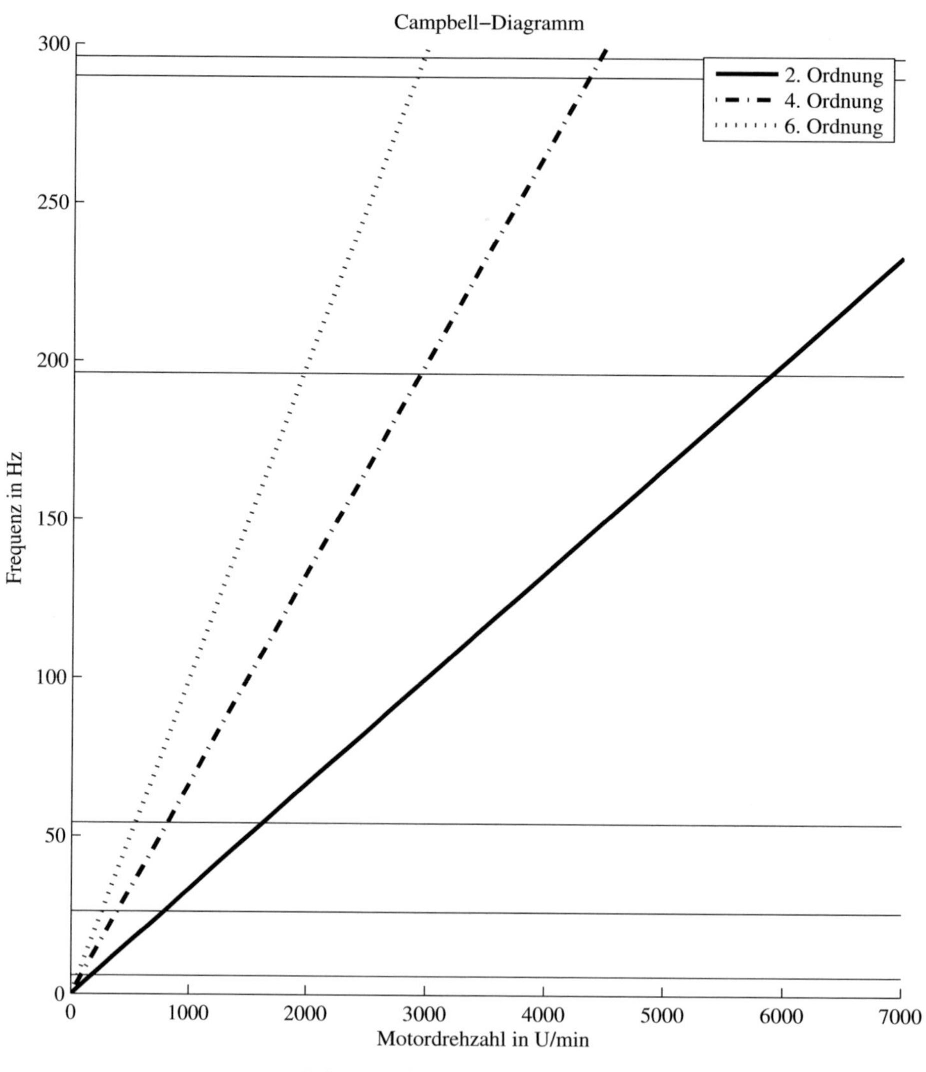

Bild 3.6: Campbelldiagramm

prägt. In dem Campbell-Diagramm 3.6 wird dargestellt, bei welcher Motordrehzahl welche Eigenfrequenz zur Resonanz führen kann.

Es wird als Aufgabe gesehen, das Getriebe vor den Motorschwingungen zu schützen. Die Eigenform der gesamten Struktur bei 54 Hz ist die Eigenform mit der kleinsten Frequenz im Fahrbereich, wo das Getriebe stark schwingt. Es soll ein Minimalmodell aufgebaut werden, das gerade diese Eigenform richtig nachbildet. Außerdem wird auf die freie Starrkörperbewegung verzichtet. Die Fahrzeugträgheit ist nähmlich so groß, dass sie als starre Wand modelliert wird.

3.5 Reduziertes Modell

Im Grunde genommen wird das Modell vom Bild 3.4 auf drei Komponenten reduziert. Die Trägheiten (1) bis (7) zusammen mit den Federn von 1 bis 6 bilden die Substruktur A. Die Trägheiten (8) bis (15) zusammen mit den Federn von 8 bis 14 bilden die Substruktur B. Die Feder 7 und alle Einrichtungen zur Bekämfpung der Torsionsschwingungen sind der dritte Teil des Modells. In diesem Abschnitt wird kurz erläutert, wie das Modell reduziert wird.

Es gibt zahlreiche Kondensationsverfahren. DRESIG [16], GASCH und KNOTHE [24] und DE KLERK [37] geben sehr interessante Überblicke über die verschiedenen Verfahren. In [24] und [16] werden Beispiele ausführlich berechnet und verglichen.

Die Kondensationsverfahren lassen sich in drei Kategorien gliedern. In der ersten Kategorie werden die Freiheitsgrade zwischen inneren und äußeren sortiert. Die äußeren Freiheitsgrade bleiben erhalten. Die inneren Freiheitsgrade werden als Funktion der äußeren ausgedrückt. Das Verfahren von GUYAN [25] (statische Kondensation) und seine dynamische Erweiterung nach RÖHRLE [78] sind die bekanntesten. Der Vorteil solcher Verfahren besteht offensichtlich darin, dass man weitere Subsstrukturen an die äußeren Freiheitsgraden ohne Problem anhängen kann. Der Nachteil ist, dass die äußeren Freiheitsgrade geschickt gewählt werden sollen, um die dynamischen Eigenschaften der Struktur einigermaßen richtig erfassen zu können. Es gibt aber kein systematisches Wahlverfahren, alles beruht auf Erfahrung.

Die zweite Kategorie besteht aus den modalen Kondensationsverfahren. Zunächst werden die Eigenwerte und Eigenformen des vollen Systems berechnet oder abgeschätzt. Es werden dann die Eigenvektoren, die aus der Sicht des Ingenieurs nötig sind, um das Verhalten des Systems in der gewünschten Frequenzbereich zu beschreiben, beibehalten. Anhand dieser reduzierten Modalmatrix werden die Freiheitsgrade durch modale Freiheitsgrade ersetzt. Der Vorteil des Verfahrens besteht offensichtlich darin, dass die passenden Eigenmoden gewählt werden können, wenn die Bandbreite der Anregung der Struktur bekannt ist. Der Nachteil der Umwandlung der physikalischen Koordinaten in modalen Koordinaten besteht darin, dass das Anhängen von weiteren Substrukturen mühsam wird.

Die dritte Kategorie von Verfahren kombinieren die Vorteile der zwei ersten. Es werden als äußere Freiheitsgrade mindenstens die Freiheitsgrade gewählt, woran eine weitere Substruktur angehängt werden soll. Die inneren werden nach Bedarf modal reduziert. Je nach Art der Randbedingungen bei der modalen Kondensation (mit gefesselter oder freier Substruktur an den externen Freiheitsgraden) und Art der Kompensation der vernachlässigten Moden werden die Verfahren nach HURTY [29], GOLDMANN und HOU, CRAIG-CHANG, CRAIG-BAMPTON, RUBIN genannt.

Im Rahmen dieser Arbeit wäre es formell richtig, das Verfahren von Hurty [29] anzuwenden. Damit könnte ein Minimalmodell mit mindestens vier Trägheiten erzeugt werden. Zwei davon tragen Kopplungsfreiheitsgrade (Trägheit (7) für die erste Substruktur und (8) für die zweite), die dritte bzw. die vierte entstehen aus einer modalen Kondensation der ersten bzw. der zweiten Substruktur. Zwischen den Trägheiten (7) und (8) könnten dann beliebige Strukturen angekoppelt werden. Im Rahmen dieser Arbeit reicht es aus folgenden Gründen, jede Substruktur nur mit einer Trägheit zu modellieren.

Im Kapitel 4 wird der Einfluss der Parameter der Kopplung 7 un des Schwungrads (7) untersucht. Solange die Kopplung 7 deutlich weicher als die Kopplungen 6 und 8 bleibt, können die Substrukturen A und B mit einer Trägheit nachgebildet werden.

Im Kapitel 6 wird ebenso die Kopplung 7 mit einem Mechanismus ersetzt, dessen Trägheit viel kleiner als die Trägheit (7) und dessen Steifigkeit kleiner als die Steifigkeiten 6 und 8 ist. Eine Trägheit für jede reduzierte Substruktur reicht aus.

Im Kapitel 7 wird an die Trägheit (7) ein Tilger angekoppelt, dessen Trägheit ein Bruchteil von (7) ist. Die Steifigkeit 7 bleibt nach wie vor deutlich kleiner als die Steifigkeiten 6 und 8. In diesem Fall auch ist ein Minimalmodell mit insgesamt zwei Trägheiten ausreichend.

Es wird ein modales Kondensationsverfahren angewendet, das von Dresig [16] dargestellt wird. Diese Methode ermöglicht eine Freiheitsgradreduktion, wobei die wichtigsten modalen Eigenschaften des Systems trotzdem hinreichend gut nachgebildet werden können, wie es in Bild 3.9 dargestellt wird. Sie hat aber den Nachteil, dass der Einfluss der residualen Moden nicht berücksichtigt wird. Das wäre nach Preumont problematisch, wenn auf der Basis des reduzierten Modells eine Regelungssstrategie für das volle Modell entwickelt würde [71]. Da anhand des reduzierten Modells verschiedene Konzepte miteinander verglichen werden und keine Regelungsstrategie des Gesamtmodells entwickelt werden soll, entfällt dieser Einwand. Um die Güte der Methode zu prüfen werden die reduzierten Substrukturen wieder zusammen gekoppelt (Synthese). Es wird sich zeigen, dass die modalen Eigenschaften des reduzierten Systems sehr ähnlich zu den gewählten Eigenschaften des ursprünglichen Gesamtsystems sind.

3.5.1 Substrukturen

Die Substruktur A umfasst die Trägheiten (1) bis (7). Die zweite Substruktur besteht aus den Trägheiten (8) bis (15).

In Bild 3.7 sind die Eigenformen der Substruktur A dargestellt. Auf der x-Achse werden die Nummern der Trägheiten eingetragen. Auf der y-Achse sind die normierten Verdrehungen dargestellt. Die erste elastische Eigenform kommt erst bei 290 Hz. Infolgedessen wird angenommen, dass der Motor als starr betrachtet werden darf. Die Substruktur A wird mit einer Drehträgheit modelliert. Damit wird nur die Starrkörperbewegung der ersten Substruktur erfasst. Die reduzierte Drehträgheit beträgt 0.26 kg.m^2.

Substruktur	Trägheit in $10^{-3}kg.m^2$	Steifigkeit in $10^3 N.m/rad$
A	260	-
B	26.9	1.234
Feder 7	-	1.6

Tabelle 3.3: Daten des reduzierten Modells

In Bild 3.8 sind die Eigenformen des Systems nach dem Schwungrad dargestellt. Bei der zweiten Eigenform (22 Hz) schwingt der Antriebsstrang gegen das Fahrzeug. Bei der dritten Eigenform (34 HZ) schwingt das Rad gegenphasig zum Rest. Die anderen Eigenformen haben eine zu hohe Frequenz und werden nicht betrachtet. Die dritte Eigenform wird gewählt, um das System zu einer Drehträgheit und einer Feder zu kondensieren. Diese Wahl lässt sich a priori nicht begründen. Aber gerade diese Eigenform der Substruktur B (34 Hz, Rad) ist verantwortlich für die zu untersuchende Eigenform bei dem Gesamtmodell (54 Hz, Getriebe). Die reduzierte Drehträgheit beträgt 0.0269 kg.m^2 und die reduzierte Drehsteifigkeit 1234 Nm/rad.

Die Daten werden in der Tabelle 3.3 zusammengefasst.

3.5.2 Synthese

Als Kontrolle werden die Substrukturen A und B wieder miteinander verbunden. Die entsprechenden Eigenformen der reduzierten Struktur werden mit den Eigenformen der vollen Struktur verglichen. Das Ergebnis ist in Bild 3.9 dargestellt. Die Eigenform bei 54 Hz ist gut nachgebildet. Die reduzierten Substrukturen sind verwendbar. Das reduzierte Modell ist in Bild 3.10 dargestellt. Die Feder 7 wird in den nächsten Abschnitten durch unterschiedliche Dämpferkonzepte ersetzt.

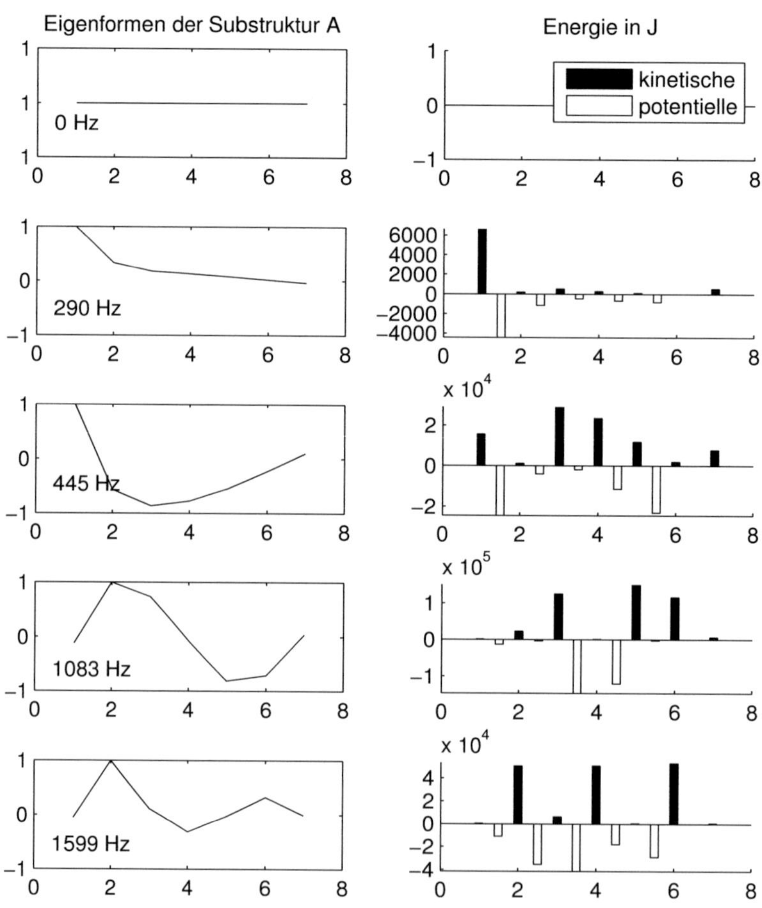

Bild 3.7: Modalanalyse der Substruktur A

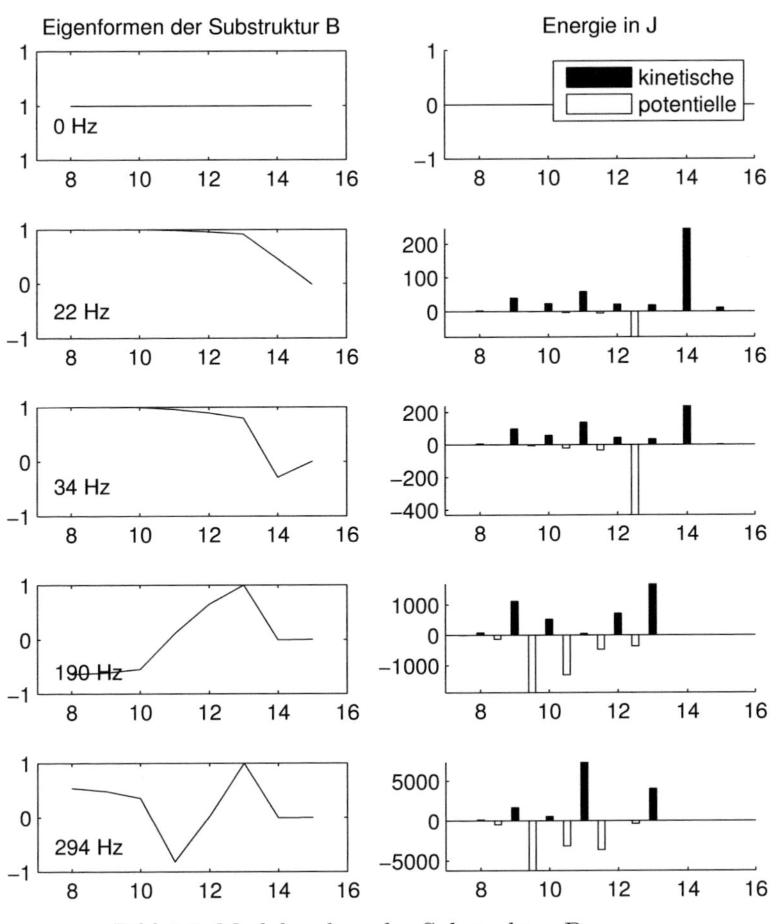

Bild 3.8: Modalanalyse der Substruktur B

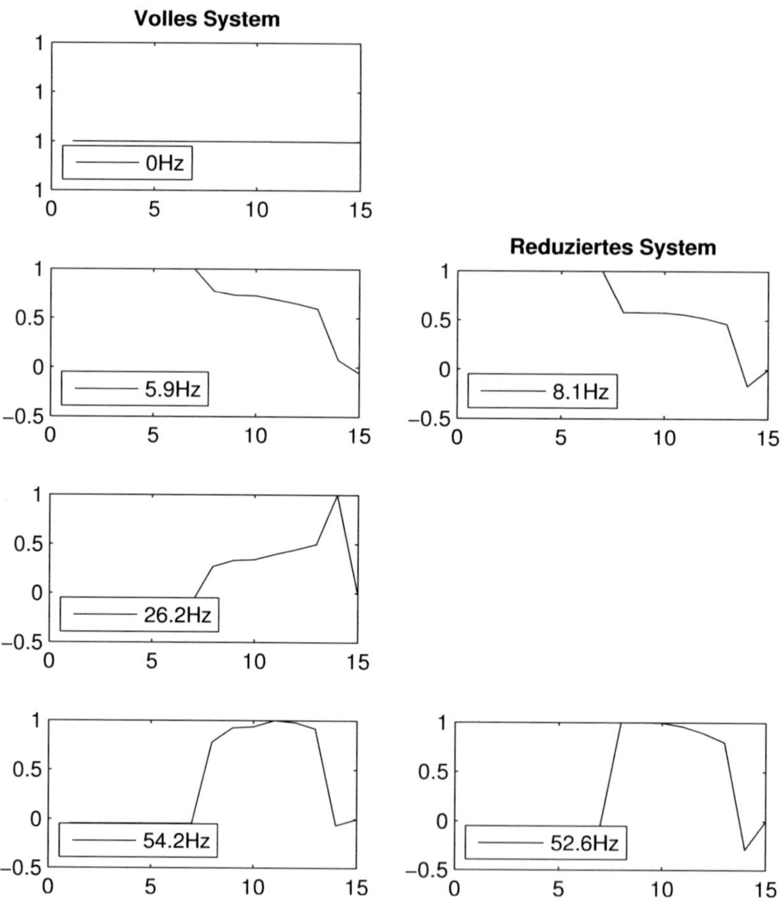

Bild 3.9: Vergleich der vollen Struktur mit der reduzierten Struktur

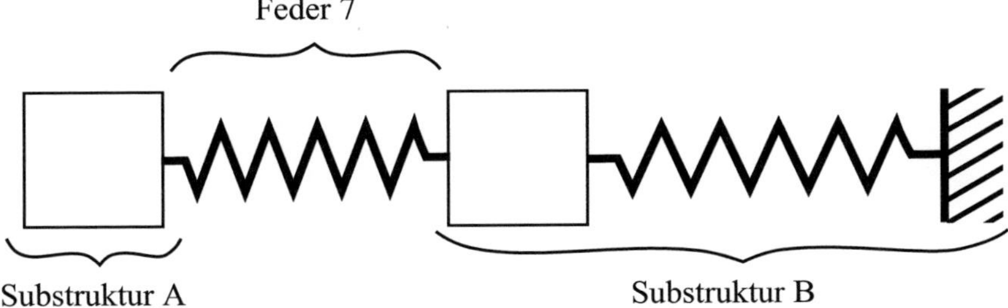

Bild 3.10: Reduziertes Modell, ungedämpft

4 Passive lineare Isolation

In diesem Abschnitt wird die klassische passive Isolation anhand des minimalen Modells untersucht. Dieses Konzept ist in der Literatur sehr verbreitet und wird zum Beispiel von MAGNUS und POPP [55] und von DEN HARTOG [13] gut erklärt. Die Grundidee besteht darin, eine relative große Trägheit zwischen der Anregung und dem zu schützenden Aggregat anzubringen und beide zusammen durch ein weiches Element zu koppeln. Die Schutzmasse wird wegen ihrer großen Trägheit von der Anregung wenig beschleunigt. Damit wird die weiche Kopplung wenig verformt und überträgt wenig Moment zum Rest des Systems. Es wird in diesem Kapitel untersucht, welche Vor- und Nachteile diese Strategie für PKW-Triebsstränge aufweist.

Das Modell ist in Bild 4.1 dargestellt. Die Bedeutungen aller Abkürzungen sind in Tabelle 4.1 erläutert. Es werden zwei Fälle untersucht, Fall A (mäßige Dämpfung) und B (sehr kleine Dämpfung).

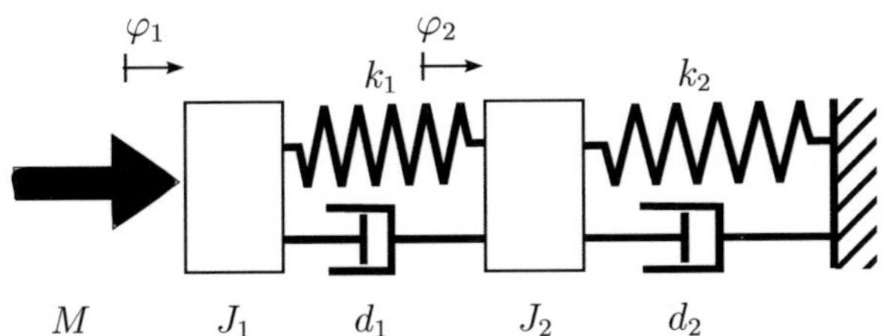

Bild 4.1: Reduziertes Modell, gedämpft

Abkürzung	Einheit	Bezeichnung	Typischer Wert
φ_1	rad	Drehwinkel von J_1	
φ_2	rad	Drehwinkel von J_2	
M_0	Nm	Mittelmoment	300
M_j	Nm	Amplitude der Anregungsordnung j	$0 - 300$
ψ_j	rad	Phase der Anregungsordnung j	$0 - 2\pi$
ω_M	rad/s	Motordrehzahl	$80 - 740$
J_1	$kg.m^2$	Trägheit Substruktur A	0.26
J_2	$kg.m^2$	Trägheit Substruktur B	0.0269
k_1	Nm/rad	Steifigkeit Isolator	3200
k_2	Nm/rad	Steifigkeit Substruktur B	1234
d_1	Nm.s/rad	Dämpfung Isolator, Fall A	2.38
d_2	Nm.s/rad	Dämpfung Substruktur B, Fall A	3.57
d_1	Nm.s/rad	Dämpfung Isolator, Fall B	0.119
d_2	Nm.s/rad	Dämpfung Substruktur B, Fall B	0.119

Tabelle 4.1: Erläuterung der Abkürzungen

Die Elemente mit Subskript 2 entsprechen der Substruktur B vom Bild 3.10. Sie soll vor der Motoranregung geschützt werden. Die Drehträgkeit J_1 entspricht der Substruktur A, wo die Motoranregung wirkt. Sie wird mit der Substruktur B durch ein lineares Feder-Dämpfer Element $\{k_1, d_1\}$ gekoppelt. Die Steifigkeit k_1 wird hier zwei Mal steifer als im vorherigen Kapitel (Siehe Tabelle 3.3) gewählt. Dort handelt es sich um ein System, das bereits einen Isolator enthält. In diesem Kapitel soll der Einfluss von k_1 untersucht werden. Aus diesem Grund wird ein steifes Basissystem gewählt. Es wird aber gezeigt, dass die Auslegung des vorherigen Kapitels eher die richtige ist.

Die Anregung ist periodisch und lässt sich in eine Fourier-Reihe entwickeln.

$$M = M_0 + \sum_{j=1}^{\infty} M_j \sin(j\omega_M t + \psi_j) \tag{4.1}$$

ω_M ist die Motordrehzahl und M_0 das mittlere Moment, das übertragen werden soll.

4.1 Bewegungsgleichungen

Aus den kinetischen und potentiellen Energien kann die Lagrange-Funktion gebildet werden.

$$\begin{aligned} T &= \frac{1}{2}(J_1\dot{\varphi_1}^2 + J_2\dot{\varphi_2}^2) \\ U &= \frac{1}{2}(k_1(\varphi_1 - \varphi_2)^2 + k_2\varphi_2^2) \\ L &= T - U \end{aligned} \tag{4.2}$$

Diese Methode ist für dieses reduzierte System umständlich, sie wird aber in dieser Arbeit durchgehend verwendet, auch für komplexere Systeme, wofür sie effizient ist.

Die virtuelle Arbeit des Dämpfers, des Motors und der entsprechenden generalisierten Kräfte lautet:

$$\begin{aligned}\delta W &= Q_1 \delta\varphi_1 + Q_2 \delta\varphi_2 \\ Q_1 &= -d_1(\dot{\varphi}_1 - \dot{\varphi}_2) + M \\ Q_2 &= d_1(\dot{\varphi}_1 - \dot{\varphi}_2) - d_2\dot{\varphi}_2\end{aligned} \tag{4.3}$$

Die Bewegungsgleichungen können als Lagrangesche Gleichungen zweiter Art ermittelt werden. Sei $j \in [\![1, 2]\!]$.

$$\frac{\mathrm{d}}{\mathrm{d}t}\frac{\partial L}{\partial \dot{\varphi}_j} - \frac{\partial L}{\partial \varphi_j} = Q_j \tag{4.4}$$

Das Modell soll in dimensionloser Form untersucht werden. Folgende Abkürzungen können definiert werden.

$$\begin{aligned}
\mu &= \frac{J_2}{J_1} & \frac{k_2}{J_2} &= \omega_2^2 & D_2 &= \frac{d_2}{2J_2\omega_2} \\
\kappa &= \frac{k_1}{k_2} & \delta &= \frac{d_1}{d_2} & \varphi_0 &= \frac{M_0}{k_2} \\
\varphi_1 &= \varphi_0\phi_1 & \varphi_2 &= \varphi_0\phi_2 & t &= \frac{\tau}{\omega_2} \\
F_j &= \frac{M_j}{M_0} & F_0 &= 1 & \Omega_j &= j\frac{\omega_M}{\omega_2}
\end{aligned}$$

Mit diesen Abkürzungen werden die dimensionslosen linearen Gleichungen in Matrizenform geschrieben. Es handelt sich um ein lineares inhomogenes System von gewöhnlichen Differentialgleichungen.

$$\mathbf{M}\frac{\mathrm{d}^2\mathbf{x}}{\mathrm{d}\tau^2} + \mathbf{D}\frac{\mathrm{d}\mathbf{x}}{\mathrm{d}\tau} + \mathbf{C}\mathbf{x} = \mathbf{f}(\tau) \tag{4.5}$$

$$\mathbf{M} = \begin{bmatrix} \frac{1}{\mu} & 0 \\ 0 & 1 \end{bmatrix} \qquad \mathbf{D} = 2D_2\begin{bmatrix} \delta & -\delta \\ -\delta & \delta + 1 \end{bmatrix} \qquad \mathbf{C} = \begin{bmatrix} \kappa & -\kappa \\ -\kappa & 1 + \kappa \end{bmatrix}$$

$$\mathbf{x} = \begin{bmatrix} \phi_1 & \phi_2 \end{bmatrix}^{\mathrm{T}} \qquad \mathbf{f} = \begin{bmatrix} F_0 + \sum_{j=1}^{\infty} F_j \sin(\Omega_j\tau + \psi_j) \\ 0 \end{bmatrix}$$

Wenn das System mit Gleichungen erster Ordnung beschrieben werden soll, dann lauten die Gleichungen:

$$\frac{\mathrm{d}\mathbf{y}}{\mathrm{d}\tau} = \mathbf{A}\mathbf{y} + \mathbf{b}\mathbf{f} \tag{4.6}$$

$$\mathbf{A} = \begin{bmatrix} -\mathbf{M}^{-1}\mathbf{D} & -\mathbf{M}^{-1}\mathbf{C} \\ \mathbf{I} & \mathbf{0} \end{bmatrix} \qquad \mathbf{b} = \begin{bmatrix} \mathbf{M}^{-1} \\ \mathbf{0} \end{bmatrix}$$

$$\mathbf{y} = \begin{bmatrix} \frac{\mathrm{d}\phi_1}{\mathrm{d}\tau} & \frac{\mathrm{d}\phi_2}{\mathrm{d}\tau} & \phi_1 & \phi_2 \end{bmatrix}^{\mathrm{T}}$$

4.2 Stationäre Lösungen

In diesem Abschnitt werden die stationären Lösungen des linearen Systems von Differentialgleichungen (4.5) gegeben. Da die Anregung periodisch ist, bietet es sich an, ein Amplitude-Frequenzgang zu erzeugen.

Es wird standardmäßig ein Exponentialansatz für $\mathbf{x}$ und die Anregung $\mathbf{f}$ gemacht. Ω ist die Anregungsfrequenz. $\tilde{\mathbf{f}}$ und $\tilde{\mathbf{x}}$ sind Vektoren mit komplexen Komponenten.

$$\begin{aligned} \mathbf{f} &= \tilde{\mathbf{f}}e^{i\Omega t} = \begin{bmatrix} \tilde{F} \\ 0 \end{bmatrix} e^{i\Omega t} \\ \mathbf{x} &= \tilde{\mathbf{x}}e^{i\Omega t} = \begin{bmatrix} \tilde{\phi}_1 \\ \tilde{\phi}_2 \end{bmatrix} e^{i\Omega t} \end{aligned} \tag{4.7}$$

Die Lösung lautet:

$$\begin{aligned} \tilde{\phi}_1 &= \frac{-\Omega^2 + 1 + \kappa + 2iD_2(1+\delta)\Omega}{\frac{\Omega^4}{\mu} - 2i\Omega^3 D_2(\delta + \frac{1+\delta}{\mu}) - \Omega^2(\kappa + \frac{1+\kappa}{\mu} + 4D_2^2\delta) + 2i\Omega D_2(\delta+\kappa) + \kappa} \\ \tilde{\phi}_2 &= \frac{2i\Omega D_2\delta + \kappa}{\frac{\Omega^4}{\mu} - 2iD_2\Omega^3(\delta + \frac{1+\delta}{\mu}) - \Omega^2(\kappa + \frac{1+\kappa}{\mu} + 4D_2^2\delta) + 2i\Omega D_2(\delta+\kappa) + \kappa} \end{aligned} \tag{4.8}$$

4.3 Eigenschaften der stationären Lösungen

In diesem Teil werden die Abhängigkeit der Lösung von den Parametern untersucht. Es wird gezeigt, dass eine kleine Steifigkeit des Isolators günstig bezüglich Isolation ist. Sie verursacht aber große statische relative Verdrehungen.

4.3.1 Statik

Die statische Verformung des Feder-Dämpfer-Elements 1 lautet:

$$|\tilde{\phi}_1 - \tilde{\phi}_2|_{\Omega=0} = \frac{|\tilde{F}|}{\kappa} \tag{4.9}$$

Bei kleinem κ, also bei weicher Isolatorfeder, wird die relative Verdrehung zwischen Isolatormasse und der zu schützenden Trägheit groß. In der Regel soll die relative Verdrehung aus technischen Gründen (Bauraum, Spannungen) begrenzt werden. In dieser Hinsicht ist ein steifer Isolator von Vorteil.

4.3.2 Dynamik

Die Amplitude der Schwingungen von der zweiten Masse lässt sich mit Formel (4.10) bestimmen. Die Amplitude über der Anregungsfrequenz wird in Bilder 4.2 (mäßige Dämpfung, Fall A) und 4.3 (kleine Dämpfung, Fall B) dargestellt. Die Eigenschaften dieser Lösung werden in diesem Abschnitt diskutiert.

$$|\tilde{\phi}_2| = |\tilde{F}| \sqrt{\frac{\kappa^2 + 4D_2^2\delta^2\Omega^2}{\left(\frac{\Omega^4}{\mu} - \Omega^2(\kappa + \frac{1+\kappa}{\mu} + 4D_2^2\delta) + \kappa\right)^2 + 4D_2^2\Omega^2\left(\Omega^2(\delta + \frac{1+\delta}{\mu}) + \delta + \kappa\right)^2}} \tag{4.10}$$

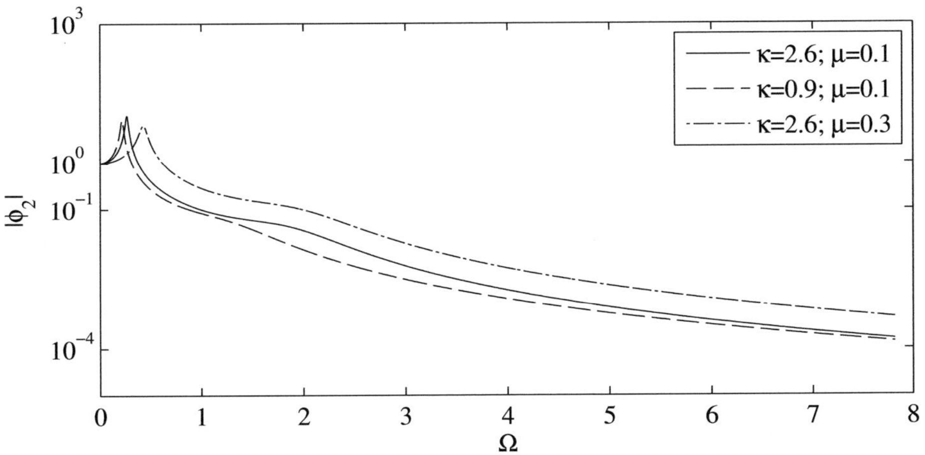

Bild 4.2: Amplitude $|\tilde{\phi}_2|$ bei $|\tilde{F}| = 1$, D_2=0.21, δ=1.5

Verhalten bei hohen Frequenzen

Zunächst wird das asymptotische Verhalten mit Hilfe von Gleichung (4.11) betrachtet.

$$|\tilde{\phi}_2| = |\tilde{F}| \frac{2D_2\delta\mu}{\Omega^3} + o\left(\frac{1}{\Omega^3}\right) \tag{4.11}$$

Bei größer Ω und vorhandener Dämpfung nimmt $|\tilde{\phi}_2|$ monoton mit der Anregungsfrequenz ab. Je größer die Anregungsfrequenz ist, desto besser wird die Substruktur B vor der Anregung geschützt.

Falls keine Dämpfung vorhanden wäre (D_2=0 und δ=0), oder wenn die Dämpfungskräfte $D_2\Omega$ sehr klein sind, dann ist die Amplitude der Getriebeschwingung $|\tilde{\phi}_2|$ bei großer Anregungsdrehzahl Ω von Massen- und Steifigkeitsverhältnis μ und κ bestimmt.

$$|\tilde{\phi}_2| = |\tilde{F}| \frac{\kappa\mu}{\Omega^4} + o\left(\frac{1}{\Omega^4}\right) \tag{4.12}$$

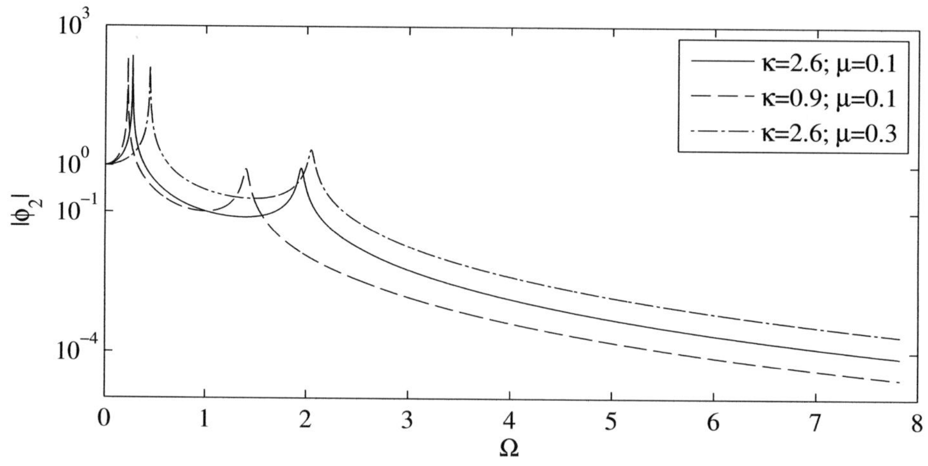

Bild 4.3: Amplitude $|\tilde{\phi}_2|$ bei $|\tilde{F}| = 1$, D_2=0.01, δ=1

Anhand der Gleichung (4.12) kann festgestellt werden, dass die Isolation besser ist, wenn κ und μ klein sind. Damit ist gemeint, dass der Isolator schwer und weich sein soll, was der allgemeinen Erfahrung entspricht. Die Bilder 4.2 und 4.3 illustrieren dieses Ergebnis. Bei $\Omega = 7$ ist die Dämpfungskraft noch klein, und der weiche, schwere Isolator leistet bessere Isolation als die Anderen.

Amplitude den Resonanzen

Das Verhalten bei den Resonanzen wird jetzt untersucht. Eine Tendenz bei den Automobilherstellern ist die Entwicklung von Systemen, die immer weniger gedämpft werden. Es wird also angenommen, dass D_2 klein ist. Mit Hilfe der Störungsrechnung können dann die Resonanzfrequenzen von (4.10) explizit berechnet werden. Dafür sollen die Wurzel des Zählers von $\frac{\partial|\tilde{\phi}_2|}{\partial\Omega}$ bestimmt werden. Die Resonanzdrehzahl Ω_R wird folgenderweise entwickelt:

$$\Omega_R = \Omega_0 + D_2\Omega_1 + D_2^2\Omega_2 \tag{4.13}$$

Die Frequenzen, bei denen $|\tilde{\phi}_2|$ ein Maximum erreicht, lauten:

$$\begin{aligned} \Omega_{R1} &= \Omega_{01} + D_2\Omega_{11} + D_2^2\Omega_{21} \\ \Omega_{R2} &= \Omega_{02} + D_2\Omega_{12} + D_2^2\Omega_{22} \end{aligned} \tag{4.14}$$

$$\begin{aligned} \Omega_{01,02} &= \frac{1}{\sqrt{2}}\left(1 + \kappa(1+\mu) \mp \sqrt{(1+\kappa(1+\mu))^2 - 4\kappa\mu}\right)^{\frac{1}{2}} \\ \Omega_{11,12} &= 0 \end{aligned} \tag{4.15}$$

Die Ausdrücke für Ω_{21} bzw. Ω_{22} sind relativ lang und werden hier nicht angegeben. $\Omega_{R1,R2}$ können dann in (4.10) eingefügt werden. Die Funktion $|\tilde{\phi}_2|$ lässt sich in eine Laurent-Reihe bezüglich D_2 entwickeln. $\tilde{\phi}_{21}$ bzw. $\tilde{\phi}_{22}$ bezeichnet die Amplitude der Schwingungen von Substruktur B bei der ersten Resonanz mit Frequenz Ω_{R1} bzw. bei der zweiten Resonanz Ω_{R2}.

$$\begin{aligned} |\tilde{\phi}_{21}| &= \frac{\alpha_1}{D_2} + o\left(\frac{1}{D_2}\right) \\ |\tilde{\phi}_{22}| &= \frac{\alpha_2}{D_2} + o\left(\frac{1}{D_2}\right) \end{aligned} \tag{4.16}$$

α_1 und α_2 sind die ersten Koeffizienten der Laurent-Reihe, wobei $|\alpha_1| \gg |\alpha_2|$. Folglich ist die Amplitude $|\tilde{\phi}_2|$ viel größer bei der Resonanz mit der niedrigsten Frequenz als bei der höheren Resonanz, siehe Bilder 4.2 und 4.3 Aus diesem Grund soll die erste Resonanzfrequenz Ω_{R1} unbedingt unterhalb der kleinsten Anregungsfrequenz sein.

Untersuchung der ersten Resonanzfrequenz

Wie hängt Ω_{R1} von den Parametern ab? Da D_2 klein ist, reicht es aus, das Verhalten von Ω_{01} zu untersuchen. Es kann gezeigt werden und die Amplitude-Frequenz-Verläufe von den Bildern 4.2 und 4.3 bestätigen, dass:

$$\begin{aligned} \frac{\partial \Omega_{01}}{\partial \kappa} > 0 \\ \frac{\partial \Omega_{01}}{\partial \mu} > 0 \end{aligned} \tag{4.17}$$

Aus diesem Grund sollen μ und κ so klein wie möglich gewählt werden, damit die erste Resonanzfrequenz unterhalb der kleinsten Anregungsfrequenz, und zwar der Leerlaufdrehzahl mit kleinster Ordnung, bleibt. Physikalisch gesehen bedeutet dies, dass die Steifigkeit des Isolators in Vergleich zu der anderen Steifigkeit möglichst klein sein sollte und die Trägheit der Substruktur A (Motor+Isolator) viel größer als die Getriebeträgheit sein sollte.

Einfluss von δ auf die zweite Resonanz

Der Einfluss von δ (Verhältnis der Dämpfung des Isolators zur Dämpfung in Substruktur B) soll jetzt untersucht werden. Dafür wird $\frac{\partial |\tilde{\phi}_2|^2}{\partial \delta}$ bei gegebenem Ω betrachtet. Popov [70] hat eine ähnliche Analyse durchgeführt. Der Unterschied mit der vorliegenden Arbeit liegt darin, dass bei POPOV entweder eine Kraftanregung auf die Trägheit J_2 oder eine seismische Anregung wirkt. Sei Z der Zähler von $\frac{\partial|\tilde{\phi}_2|^2}{\partial\delta}$. Der Nenner ist positiv.

$$\begin{aligned} Z =& |\tilde{F}|^2 \frac{8\Omega^4 D_2^2}{\mu^2}\left(\delta^2 z_0 + \delta z_1 + z_2\right) \\ z_0 =& 4D_2^2\Omega^2\left(\Omega^2 + 2\mu(\kappa + \kappa\mu + 1)\right) \\ z_1 =& \Omega^6 + 2\Omega^4\left(2D_2^2 - \kappa(1+\mu) - 1\right) + \Omega^2\left(1 + 2\kappa(1 + 2\mu + 4D_2^2\mu)\right) \\ & - 2\kappa\mu\left(1 + 2\kappa(\mu+1)\right) \\ z_2 =& -\kappa^2\Omega^2 - 2\kappa^2\mu\left(\kappa(1+\mu) + 1\right) \end{aligned} \tag{4.18}$$

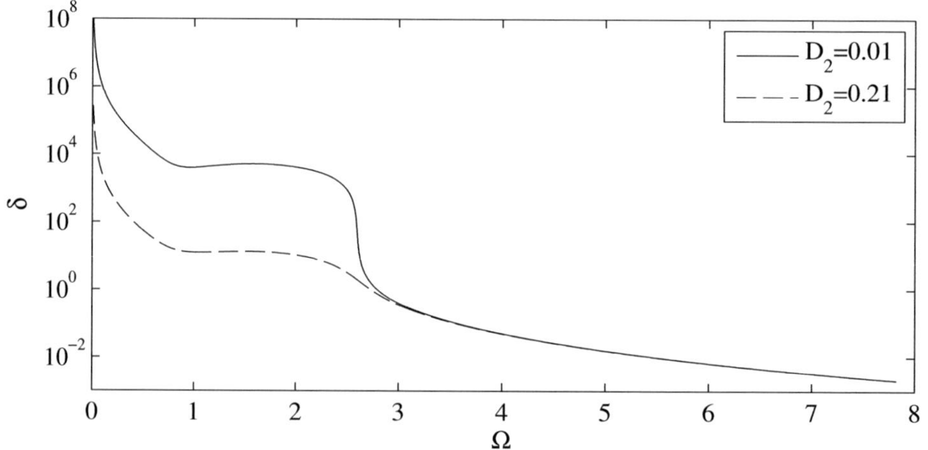

Bild 4.4: Optimales δ über Anregungsdrehzahl

Bezüglich δ ist der Zähler Z eine Parabel. Bei großen Werten von δ ist Z positiv, bei $\delta = 0$ ist er negativ. Das hat zur Folge, dass es bei jeder gegebenen Frequenz Ω ein optimales δ gibt, wofür die Amplitude $|\tilde{\phi}_2|$ minimal wird. Der Verlauf vom optimalen δ über die Anregungsfrequenz wird in Bild 4.4 dargestellt.

Bei niedrigen Frequenzen ($\Omega < 1$) soll δ sehr groß sein. Das bedeutet, dass praktisch keine relative Bewegung zwischen Substruktur A und B erlaubt ist. Bei $\Omega \in [1; 2.5]$ soll $\delta \approx 10^4$ bzw. 10 bei $D_2 = 0.01$ bzw. 0.21 sein. Nach der zweiten Resonanz soll δ klein sein.

In den Bildern 4.5 und 4.6 wird der Einfluss von einem gegebenen δ über den ganzen Frequenzbereich dargestellt. Bei mäßiger Dämpfung D_2 und $\delta = 1.5$ ist die zweite Resonanz schon gut gedämpft. Bei $\delta = 20$ oder größer ist die Isolation ab $\Omega = 2.5$ wesentlich verschlechtert. Bei kleiner Dämpfung D_2 und $\delta = 1$ oder kleiner ist die zweite Resonanz sehr ausgeprägt. Bei $\delta = 100$ ist die Isolation bei hohen Frequenzen schlecht. $\delta = 20$ gewährleistet gute Isolation bei hohen Frequenzen und Reduktion der zweiten Resonanz.

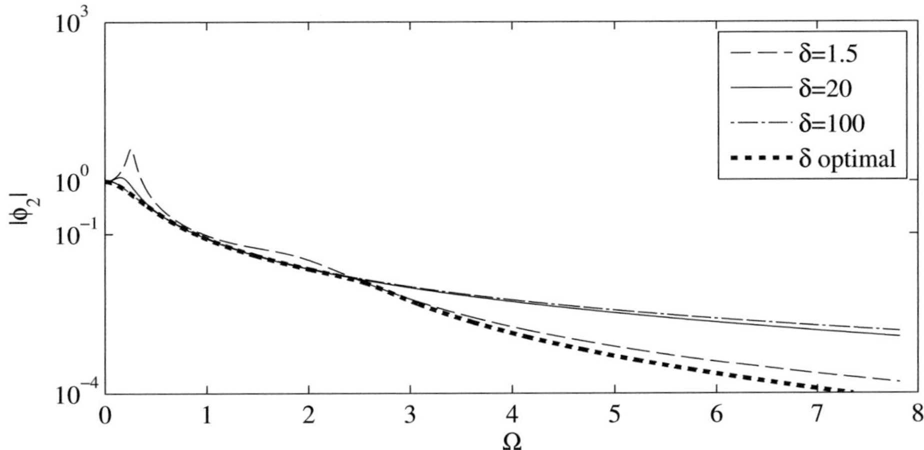

Bild 4.5: $|\tilde{\phi}_2|$ über Ω bei μ =0.1, D_2 =0.21 und κ =2.6 bei unterschiedlicher Isolatordämpfung

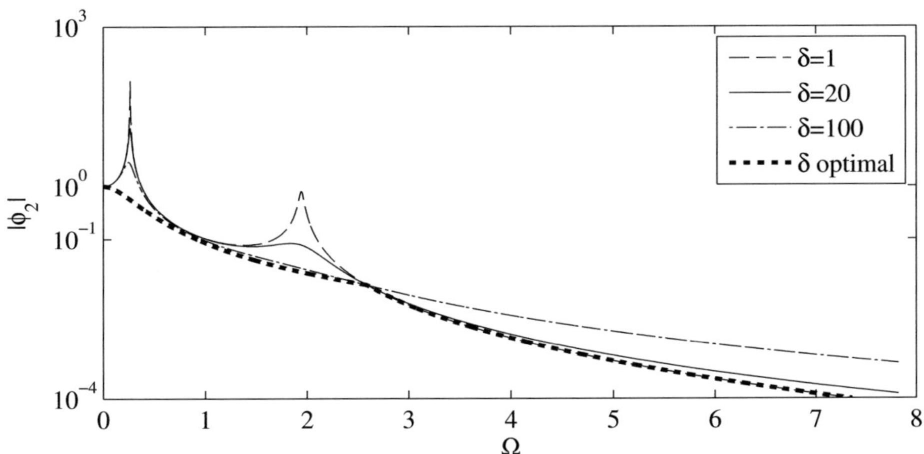

Bild 4.6: $|\tilde{\phi}_2|$ über Ω bei μ =0.1, D_2 =0.01 und κ =2.6 bei unterschiedlicher Isolatordämpfung

Wenn δ für jede Frequenz optimal gewählt wird, dann ist die Kurve der Isolation überall am besten. Wenn δ groß wird, strebt die Amplitude zu einem asymptotischen Wert (4.19).

$$|\tilde{\phi}_2| = |\tilde{F}| \sqrt{\frac{1}{4D_2^2\Omega^2 + \left(\Omega^2(1+\frac{1}{\mu})+1\right)^2}} \tag{4.19}$$

Dieser Ausdruck ist gerade die Amplitude eines Einmassenschwingers mit der Gesamtträgheit der Substrukturen A und B.

Zusammenfassung

Die Erkenntnisse der Analyse aus diesem Abschnitt können nun zusammengefasst werden. Um zu gewährleisten, dass die Resonanz mit der niedrigsten Frequenz unterhalb des Fahrbereiches bleibt, sollen κ und μ so klein wie möglich gehalten werden. Der Isolator soll weich und schwer sein.

Um die Überhöhung bei der zweiten Resonanz klein zu halten, soll die Dämpfung δ richtig gewählt werden. Es wurde gezeigt, dass δ so gewählt werden kann, dass für eine gegebene Anregungsfrequenz die Amplitude der Schwingungen von der Substruktur B minimiert wird.

Wenn die Anregung harmonisch ist und es eine Möglichkeit gibt, δ an die Anregungsfrequenz anzupassen, dann kann das System bezüglich Schwingungsisolation optimal gestaltet werden. Wenn die Anregung polyharmonisch ist oder δ nicht beliebig an die Anregungsfrequenz angepasst werden kann, dann sind Kompromisse bezüglich der Isolationsgüte erforderlich, besonders wenn das System sehr wenig gedämpft ist (D_2 klein).

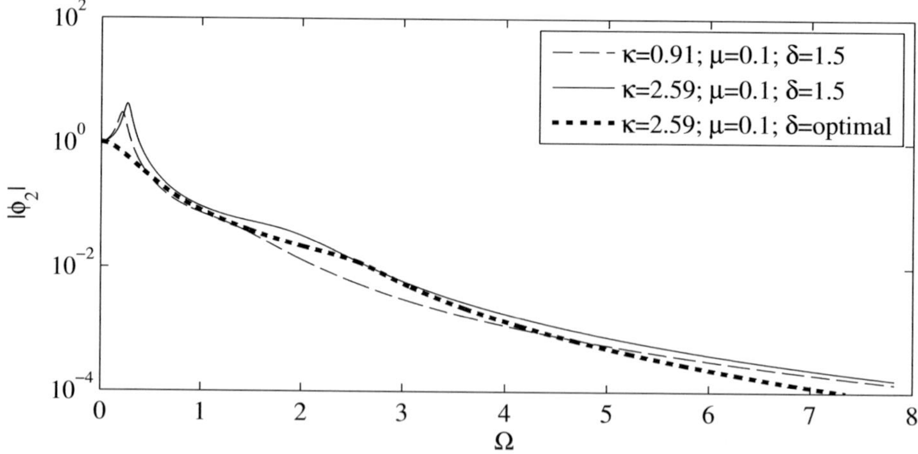

Bild 4.7: Amplitude $|\tilde{\phi}_2|$ bei $|\tilde{F}| = 1$ und D_2=0.21 über Ω

In Bild 4.8 werden die Amplitude-Frequenzverläufe von Isolatoren mit zwei unterschiedlichen, aber günstigen Parameterkombinationen bei kleiner Dämpfung D_2 dargestellt. Die erste Resonanzfrequenz ist niedrig, die Amplitudeüberhöhung bei der zweiten Resonanz ist begrenzt und die Schwingungsamplituden bei den hohen Frequenzen sind klein. Der zweite Isolator ($\kappa = 2.59$) ist steifer als der erste ($\kappa = 0.91$). Dafür ist die Isolation bei den hohen

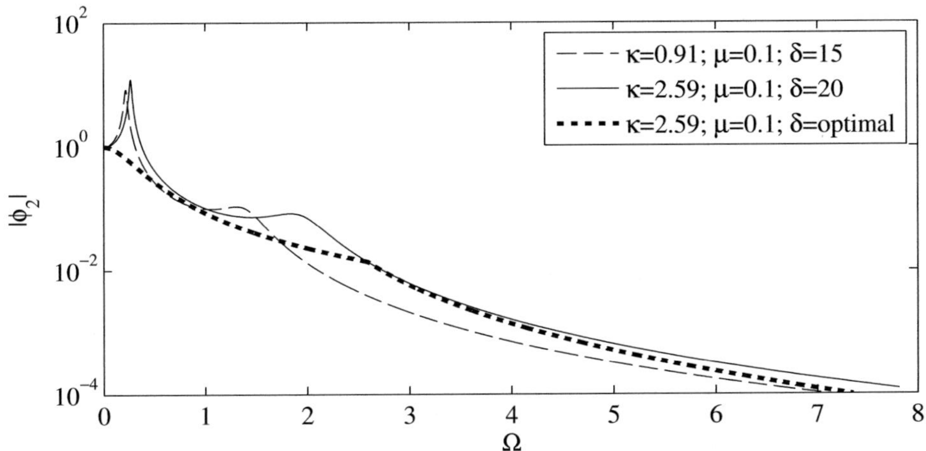

Bild 4.8: Amplitude $|\tilde{\phi}_2|$ bei $|\tilde{F}| = 1$ und D_2=0.01 über Ω

Frequenzen etwa schlechter und das statische Verhalten günstiger (Siehe Abschnitt 4.3.1). Bei mäßiger Dämpfung D_2 sind die Ergebnisse qualitativ gleich, siehe Bild 4.7.

4.4 Sprungantwort

Der Sprung vom Mittelmoment als Anregung soll die Fahrtsituation Lastwechsel nachbilden. Das Ziel ist immer noch, die Trägheit J_2 aus akustischen und Festigkeitsgründen vor großen Schwingungen zu schützen. In dieser Hinsicht wäre es optimal, wenn J_2 monoton auf einen Momentensprung reagieren würde. Dafür kann die Methode, die im Kapitel 11 beschrieben ist, verwendet werden. Es gibt zwei Bedingungen für die Parameter, die erfüllt werden müssen. Zunächst soll die letzte Zeile der Steuerbarkeitsmatrix eine besondere Struktur haben. Dann soll das System aperiodische Sprungantwort aufweisen, was mit Hilfe einer Verhaltenskarte leicht erkannt werden kann.

Die letzte Zeile der Steuerbarkeitsmatrix lautet:

$$\left[0 \quad 0 \quad \frac{2D\delta\mu^{3/4}}{\kappa^{1/4}} \quad \sqrt{\kappa\mu}\left(1 - \frac{4D^2\delta(\delta+\delta\mu+1)}{\kappa}\right)\right] \tag{4.20}$$

Damit alle Koeffizienten der letzten Zeile außer dem letzten verschwinden, soll die folgende Bedingung erfüllt werden:

$$\delta = 0 \tag{4.21}$$

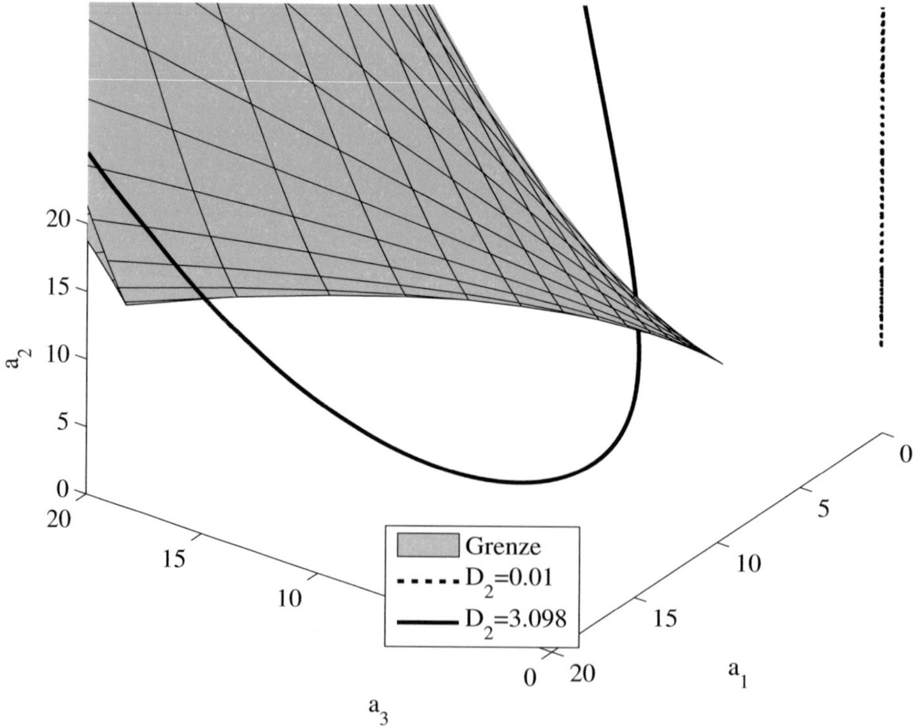

Bild 4.9: Verhaltenskarte: Bedingungen monotoner Sprungantwort

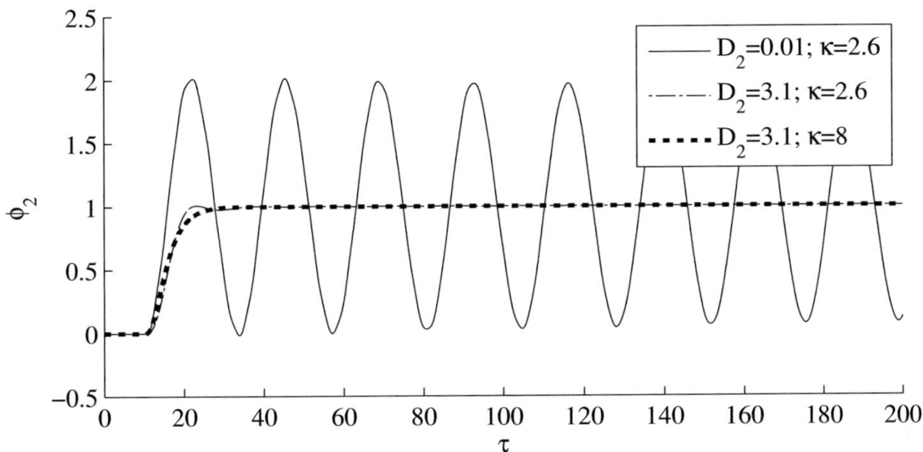

Bild 4.10: Sprungantwort bei $\delta = 0$ und μ =0.1

Im Bild 4.9 wird ein Teil der Verhaltenskarte des Systems dargestellt. Die Erzeugung dieser Karte wird im Detail im Kapitel 11 beschrieben. Die Achsen sind die Koeffizienten des charakteristischen Polynoms des normierten Systems. Das Polynom lautet:

$$P_4(\lambda) = \lambda^4 + a_1\lambda^3 + a_2\lambda^2 + a_3\lambda + 1 \tag{4.22}$$

Die gestrichelte Kurve im Bild 4.9 ist die parametrische Darstellung von a_1, a_2 und a_3 als Funktion von κ bei D_2=0.01 und μ=0.1. Sie schneidet die graue Fläche nie. Das bedeutet, dass bei einer so kleinen Dämpfung keine aperiodische monotone Sprungantwort für J_2 erreicht werden kann. Die volle Linie (D_2=3.1) schneidet die graue Fläche. Eine aperiodische monotone Sprungantwort ist daher für Werte von κ im Intervall [7.2 ; 8.5] möglich.

Die Sprungantwort im Zeitbereich wird im Bild 4.10 dargestellt. Es wird $\delta = 0$ genommen. Bei kleiner Dämpfung und kleiner Steifigkeit κ gibt es sehr große Überschwinger. Bei größerer Dämpfung und kleiner Steifigkeit werden die Überschwinger erheblich reduziert. Wie es zu erwarten ist, sollen die Dämpfung D_2 und die Steifigkeit κ relativ groß gewählt werden, um eine monotone Sprungantwort zu ermöglichen. D_2 ist aber kein Designparameter und soll als klein und gegeben betrachet werden.

Im vorherigen Abschnitt sind zwei bezüglich Schwingungsisolation günstigen Parameterkombinationen vorgeschlagen worden. Ihre Sprungantwort soll getestet werden. Die Ergebnisse sind in Bild 4.11 dargestellt. Es dauert mehr als 600 Zeiteinheiten (2.8 Sekunden), bis die Überschwinger wieder klein werden. Der maximale Winkel entspricht dem Zweitfachen der statischen Verdrehung. Es kann festgestellt werden, dass die Hauptfrequenz der Überschwinger in etwa der Frequenz der ersten Resonanz entspricht. Die weichere Variante ist günstiger.

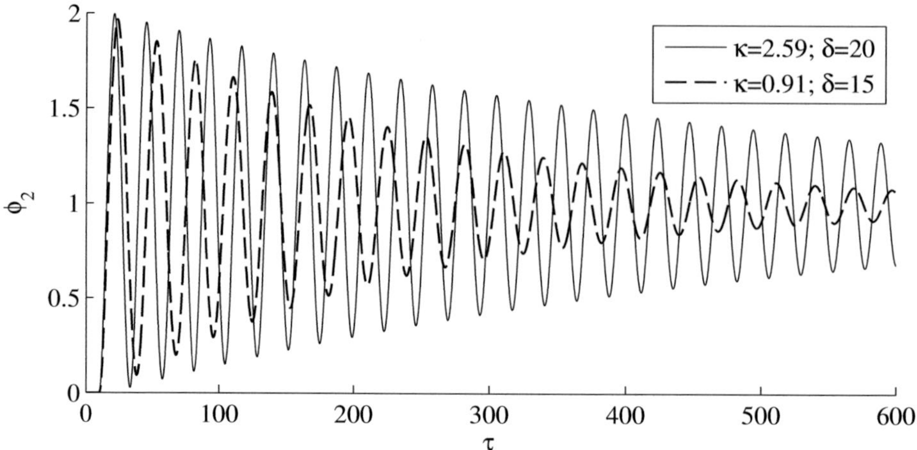

Bild 4.11: Sprungantwort bei D_2 =0.01 und μ =0.1

4.5 Fazit

Die Ergebnisse für die Statik und die Dynamik sind in der Tabelle 4.2 zusammengefasst.

Steigerung von	Einfluss auf der Statik	Einfluss auf der Dynamik
μ	kein	schlecht
κ	gut	schlecht
δ	kein	Siehe Kommentar

Tabelle 4.2: Einfluss der Parameter

κ und μ sollen für die Dynamik klein gehalten werden. Damit bleibt die erste Resonanzfrequenz unterhalb des Fahrbereichs und die Isolierungsgüte bei großer Frequenz und sehr niedriger Dämpfung ist gut.

Die Wahl von δ hängt stark von der Anregung und vom System selbst ab. Wenn die Anregung harmonisch ist und δ abhängig von der Frequenz einstellbar ist, dann gibt es für jede Frequenz einen Wert von δ, der die Amplitude von ϕ_2 minimiert. Wenn die Anregung polyharmonisch ist oder wenn δ einen festen Wert hat, dann soll ein Kompromiss bezüglich Isolierungsgüte über dem Frequenzbereich der Anregung gefunden werden.

Eine aperiodische monotone Sprungantwort ist erst möglich, wenn die Dämpfung δ Null wird. Dabei sollen D_2 und κ relativ groß sein, was wiederum schlecht für die Isolierungsgüte ist.

Die Parameterkombinationen, deren Amplitude-Frequenz Kennlinien und Sprungantworten in Bildern 4.7, 4.8 und 4.11 dargestellt sind, sind vernünftige Kompromisse. Der beschriebene Zielkonflikt stellt eine natürlich Grenze eines klassischen passiven Schwingungsdämpfers dar. Deswegen werden in weiteren Kapiteln die Alternativen untersucht.

5 Hydraulischer Druckregler

Die Hydraulik bietet sich für semiaktive Systeme an. Zu ihren Vorteilen gehören große Leistungsdichte und Flexibilität. Eine variable Dämpfung mit fast beliebiger Kennlinie lässt sich realisieren. Zu den Nachteilen zählt ein großer Aufwand (Pumpe, Dichtungen), der mit hohen Kosten verbunden ist. Es ist aber weniger bekannt, dass sie die Ursache für komplizierte dynamische Phänomene sein kann.

Das Ventil ist ein Baustein der Servohydraulik. Je nach Auslegung kann es instabiles Verhalten aufweisen. Die Instabilität einer Gleichgewichtslage kann anhand der lokal linearisierten Gleichungen untersucht werden, wie es zum Beispiel in MURRENHOF [62] erläutert wird. KREMER [40] untersucht mit der harmonischen Balance den Einfluss von verschiedenen Dämpfungstypen auf die Stabilität von Ventilen.

Das Ventil kann als Sitz- oder Kolbenventil konstruiert werden. In der ersten Ausführung gibt es Anschläge beim Stabilitätsverlust, die zu einer reichen Dynamik führen. LICSKÓ [46] untersucht die Dynamik eines solchen Ventils. Je nach Volumenstrom, der durch das Ventil fließt, verliert die Gleichgewichtslage ihre Stabilität. Es können dann periodische oder chaotische selbsterregte Schwingungen beobachtet werden. Die Anschläge des Schließkörpers gegen seinen Sitz verursachen streifende ("grazing") Bifurkationen im System. In einer älteren Arbeit sind ähnliche Bifurkationen von EYRES [17] untersucht worden. Ein Einmassenschwinger mit stückweise konstanter Dämpfung wird mit Hilfe von zwei Druckbegrenzungsventilen realisiert. Die Masse wird durch eine harmonische Kraft angeregt. Bei niedrigen oder hohen Frequenzen schwingt das System mit der Anregungsfrequenz und verhält sich wie ein klassischer Isolator. Zwischen diesen zwei Frequenzbereichen können chaotische Bewegungen beobachtet werden.

Die Dynamik des Schieberventils ist auch betrachtet worden, aber eher im Rahmen der Regelungstechnik. LIU [49] untersucht ein Schieberventil mit einer stückweise linearen Charakteristik. Eine optimale Regelung bezüglich Sprungantwort wird vorgeschlagen. Für diese Aufgabe sind selbsterregte Schwingungen eher unerwünscht und werden daher nicht betrachtet. Dagegen untersucht MAGYAR [56] ein Ventil mit ähnlichem Charakteristik, das mit einem verzögerungsbehafteten PID geregelt wird. Periodische und quasiperiodische selbsterregte Schwingungen werden beobachtet und ihre Stabilität wird beschrieben.

In diesem Kapitel wird ein vereinfachtes Druckregelventil als Kolbenventil untersucht. Es wird als ein stückweise lineares System ohne Anschläge modelliert. Es wird harmonisch angeregt. Dieses recht einfache Modell zeigt schon eine reichhaltige Dynamik: Gleichgewichtszustände, instabiler Grenzzyklus, Bifurkation und chaotische Schwingungen. Numerische Integration und Methoden der nichtglatten Mechanik werden eingesetzt, um diese Analyse durchzuführen.

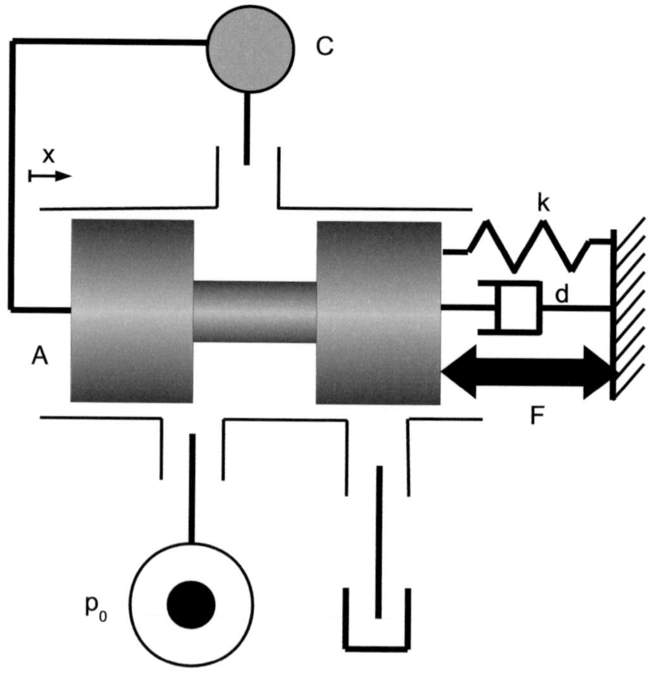

Bild 5.1: Ein Druckregelventil

5.1 Prinzip und Gleichungen

5.1.1 Prinzip

Das Druckregelventil wird in Bild 5.1 dargestellt. Es besteht aus einer Druckquelle p_S, einem Tank, einem Kolben (auch Schieber genannt) und einem Verbraucher C, dessen Druck p geregelt werden soll. Auf dem Kolben wirken die Steuerkraft F, die Feder k, der Dämpfer d und eine Rückführkraft Ap. Dadurch soll ein Kräftegleichgewicht erreicht werden. Zunächst sind die Anschlüsse (auch Steuerkanten genannt) zum Tank und zur Druckquelle geschlossen. Wenn der Druck im Verbraucher zu niedrig ist, öffnet der Schieber die Steuerkante zwischen Verbraucher und Druckquelle. Infolgedessen steigt der Verbraucherdruck und der Kolben fährt zu seiner Gleichgewichtslage zurück. Falls der Druck zu groß ist, öffnet der Schieber die Steuerkante zum Tank. Dadurch sinkt der Verbraucherdruck und der Schieber kehrt zu seiner Ruhelage zurück.

Die Öffnungsquerschnitt $B(x)$ des Ventils über den Kolbenweg ist in Bild 5.2 dargestellt. Diese Kennlinie wird als symmetrisch, stückweise linear und kontinuierlich angenommen. Es gibt einen Bereich zwischen „Überdeckung System“ u_S und „Überdeckung Tank“ u_T, wo

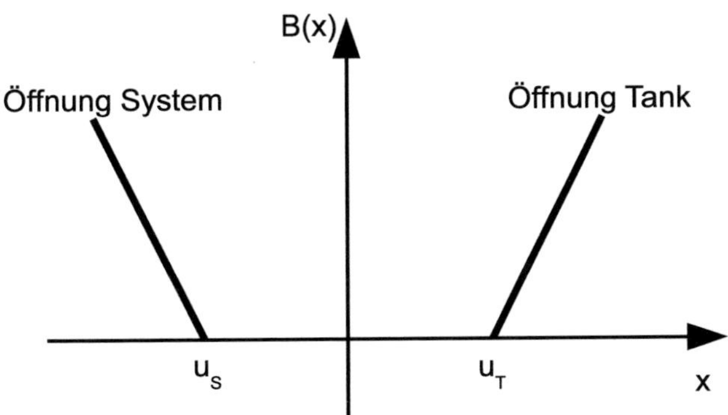

Bild 5.2: Öffnungsverhalten des Ventils

das Ventil dicht geschlossen ist. Dieser Bereich wird Überdeckungsbereich oder Totbereich genannt.

Die Steuerkraft kann direkt von einem Magnet erzeugt werden (direkt gesteuertes Ventil). Dann kann der schwingende Anteil der Anregung als Modell für das Zittern (auch Dither genannt) betrachtet werden. Es wird zu dem quasistatischen Strom eine hochfrequente (typischerweise 100 Hz) Schwingung hinzugefügt, damit der Kolben immer in Bewegung mit sehr kleiner Wegamplitude bleibt. Damit kann die Hysterese infolge der coulombschen Reibung deutlich reduziert werden. Im Patent von FRIEDMANN und HOMM wird diese Idee erklärt [21].

Die Steuerkraft kann auch von einem Vorsteuerkreis stammen. Wenn selbsterregte Schwingungen in dem Vorsteuerkreis erzeugt werden und ein Grenzzyklus erreicht wird, dann schwingt die Steuerkraft mit. In diesem Fall kann die Frequenz relativ niedrig sein, typischerweise 12 Hz. Dieser Fall wird im Detail untersucht.

5.1.2 Mathematische Beschreibung

Dieses System wird eindimensional mit konzentrierten Parametern modelliert. Dafür wird angenommen, dass die Trägheitseffekte in Fluid vernachlässigbar sind. Es führt zu einem System von gewöhnlichen Differentialgleichungen. Die Ventilkennlinie ist die einzige Quelle der Nichtlinearität. Alle andere Terme der Gleichung werden als linear betrachtet. In Tabelle 5.1 werden alle Abkürzungen erklärt.

Die Bewegungsgleichungen werden mit der zweiter Lagrangeschen Methode erstellt. Diese Methode ist ziemlich umständlich für das einfache System, das in diesem Kapitel untersucht wird. Sie wird in Kapitel 6 für ein komplizierteres System verwendet, wofür sie geeignet ist. Es wird eine einheitliche Systematik zur Erzeugung der Bewegungsgleichung in dieser Arbeit verwendet.

Abkürzung	Einheit	Typischer Wert	Bezeichnung
E_P	J		potentielle Energie
E_K	J		kinetische Energie
δW	J		virtuelle Arbeit
m	g	10	Masse des Schiebers
d	N s/m	10	Dämpfung
k	N/mm	0-3	Federsteifigkeit
L_0	mm	30	ungespannte Federlänge
L_1	mm	15	Einbaulänge der Feder
F_0	N	20	stationäre Steuerkraft
F_1	N		Amplitude Steuerkraftschwingung
ω	rad/s		Kreisfrequenz der Steuerkraftschwingung
C	$\mathrm{mm^3/bar}$	600	Kapazität des Verbrauchers
A	$\mathrm{mm^2}$	79	Rückführfläche
p_S	bar	40	Systemdruck
p_0	bar	20	Arbeitsdruck
u_S	mm	-2	Überdeckung System
u_T	mm	2	Überdeckung Tank
b	$\mathrm{mm^2/mm}$	31	Offnungsquerschnitt pro Ventilhub
γ	$\mathrm{m^{\frac{3}{2}}/kg}$	0.029	Widerstandskonstante $0.62\sqrt{\frac{2}{\rho}}$
ρ	$\mathrm{kg/m^3}$	800	Fluiddichte
x	mm		Schieberweg

Tabelle 5.1: Erläuterung der Abkürzungen

Die kinetische Energie lautet:

$$E_T = \frac{1}{2}m\left(\frac{\mathrm{d}\dot{x}}{\mathrm{d}t}\right)^2 \tag{5.1}$$

Die potentielle Energie wird in der Feder gespeichert. Nur die quadratischen Terme in der Energie bezüglich x werden berücksichtigt, damit ist die Federkraft eine lineare Funktion von x.

$$E_P = \frac{1}{2}k(x + L_0 - L_1)^2 \tag{5.2}$$

Daraus kann die Lagrangesche Funktion gebildet werden:

$$L = E_T - E_P \tag{5.3}$$

Die äußeren Kräfte sind die Dämpfungskraft, die Steuerkraft und die Druckkraft. Die vituelle Arbeit der äußeren Kräfte lässt sich dann bestimmen.

$$\delta W = -(d\dot{x} + F_0 + F_1\sin(\omega t) - Ap)\delta x \tag{5.4}$$

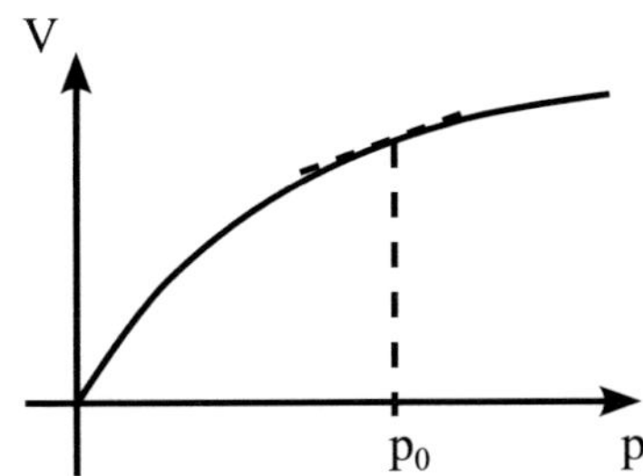

Bild 5.3: Kennlinie der Volumenaufnahme eines Verbrauchers

Die Bewegungsgleichung kann mit der Lagrangesche Methode zweiter Art erzeugt werden. Es gilt

$$\frac{\mathrm{d}}{\mathrm{d}t}\frac{\partial L}{\partial \dot{q}_i} - \frac{\partial L}{\partial q_i} = Q_i \tag{5.5}$$

Die q_i sind die generalisierten Koordinaten und die Q_i die generalisierten Kräfte. Es gilt dann:

$$m\ddot{x} + d\dot{x} + kx = -F_0 - k(L_0 - L_1) - F_1 \sin(\omega t) + Ap \tag{5.6}$$

Es soll eine zusätzliche Gleichung für den Druck geschrieben werden. Sie kann aus der Volumenerhaltung für den Verbraucher gewonnen werden.

Eine typische Kennlinie eines Verbrauchers ist nichtlinear und wird im Bild 5.3 dargestellt. Die Kennlinie wird um einen Arbeitsdruck p_0 linearisiert. Wenn p_0 relativ groß ist, dann ist die Kennlinie relativ flach und die Linearisierung in einem relativ großen Druckbereich gültig. Die hydraulische Kapazität C wird als die Steigung der Kurve im Arbeitspunkt definiert.

$$C = \left(\frac{\partial V}{\partial p}\right)_{p_0} \tag{5.7}$$

Die Volumenstrombilanz des hydraulischen Aktors lautet:

$$\frac{\mathrm{d}V}{\mathrm{d}t} - A\dot{x} - Q_S + Q_T = 0 \tag{5.8}$$

Diese Bilanzgleichung wird um den Arbeitsdruck linearisiert. Es folgt

$$C\dot{p} + A\dot{x} - Q_S + Q_T = 0 \tag{5.9}$$

Die durch die Steuerkanten fließenden Volumenströme sind in den folgenden Gleichungen gegeben. Die Kennlinie der Ventilöffnung wird in Bild 5.2 dargestellt.

$$
\begin{aligned}
Q_S &= \begin{cases} \gamma b(u_S - x)\sqrt{|p_S - p|}\,\mathrm{sign}\,(p_S - p) & \text{wenn } x \leq u_S \leq 0 \\ 0 & \text{wenn } x > u_S \end{cases} \\
Q_T &= \begin{cases} \gamma b(x - u_T)\sqrt{|p|}\,\mathrm{sign}\,(p) & \text{wenn } x \geq u_T \geq 0 \\ 0 & \text{wenn } x < u_T \end{cases}
\end{aligned} \tag{5.10}
$$

Die kompletten Bewegungsgleichungen lauten:

$$
\begin{aligned}
&m\ddot{x} + d\dot{x} + kx = -F_0 - k(L_0 - L_1) - F_1 \sin(\omega t) + Ap \\
&C\dot{p} + A\dot{x} - Q_S + Q_T = 0
\end{aligned} \tag{5.11}
$$

Ziel dieser Untersuchung ist es, den Einfluß des Totbereichs zu bestimmen. Es werden aus diesem Grund die folgenden Vereinfachungen gemacht.

- Der Ursprung der Wege wird äquidistant von den Steuerkanten gewählt. Damit gilt $u_T = -u_S = u$.
- Der statische Anteil der Steuerkraft (F_0) wird so gewählt, dass der stationäre Anteil des Drucks gerade die Hälfte des Systemdrucks bei $x = 0$ ist. Damit gilt $p_0 = \frac{F_0 + k(L_0 - L_1)}{A} = \frac{p_S}{2}$.
- Q_S und Q_T sind Funktionen des Drucks und des Wegs. Die Öffnungsquerschnitte werden als lineare Funktion des Wegs gewählt, wie es in Bild 5.2 dargestellt ist. Der Druck ist unter der Wurzel, sein Einfluss wird nur bis zur nullten Ordnung berücksichtigt.

Mit diesen Annahmen kann die Gleichung in der Abweichung in dimensionslose Form gebracht werden. Sei $x = uX$ und $t = \tau T$. Dann gilt:

$$
a_0 \frac{\mathrm{d}^3 X}{\mathrm{d}\tau^3} + a_1 \frac{\mathrm{d}^2 X}{\mathrm{d}\tau^2} + a_2 \frac{\mathrm{d}X}{\mathrm{d}\tau} + a_3 f(X) = \mu \sin \eta\tau \tag{5.12}
$$

Es gelten die folgenden Abkürzungen:

$$
\begin{aligned}
a_0 &= \frac{m}{dT} & a_1 &= 1 & a_2 &= \frac{m}{a_0}\left(k + \frac{A^2}{C}\right) \\
a_3 &= \frac{\gamma b A \sqrt{p_0} m^2}{2Cd^3 a_0^3} & \mu &= \frac{A p_0 m F_1}{d^2 u a_0} & \eta &= \frac{\omega m}{d a_0}
\end{aligned} \tag{5.13}
$$

Die Funktion $f(X)$ kann stückweise definiert werden.

$$
f(X) = \begin{cases} X + 1 & \text{wenn } X \leq 1 \\ 0 & \text{wenn } |X| < 1 \\ X - 1 & \text{wenn } X \geq 1 \end{cases} \tag{5.14}
$$

Es kann aber für die numerische Behandlung der Differentialgleichung hilfreich sein, sie als eine klassische Funktion zu definieren.

$$f(X) = (|1 + X| + |1 - X| - 2)\,\frac{\mathrm{sign}(X)}{2} \tag{5.15}$$

Der Einfluss der Parameter soll untersucht werden. Damit die Ergebnisse überschaubar bleiben, werden zwei Parameter untersucht: Der Öffnungsquerschnitt des Ventils und die Anregungsamplitude. Die Anregungsamplitude wird von μ bestimmt. a_0 wird auf 0.01 normiert, weil bei üblichen Ventilen die Trägheitskräften klein im Vergleich zu den viskosen Kräften oder zu den Rückführkräften sind. η wird auf 1 normiert. Damit entspricht die Kreisfrequenz ω einer Frequenz von ungefähr 12 Hz.

Das System ist stückweise linear. Es bietet sich an, in jedem Gebiet die Lösung analytisch zu bestimmen. Falls die Gleichungen als System von Differentialgleichungen erster Ordnung dargestellt werden, dann ist es in Regelungsnormalform (Siehe (11.12)). Die Matrix der Eigenvektoren ist eine Vandermonde Matrix wenn alle Eigenwerte unterschiedlich und ungleich Null sind. Die Anpassung an die Anfangsbedingungen erfordert die Inverse dieser Matrix. Sie lässt sich mit Hilfe der Formel von TURNER [91] leicht bestimmen. Dennoch sollen die Zeiten bestimmt werden, wo das Ventil von einem Gebiet zum Anderen wandert. Diese Aufgabe lässt sich nicht mehr analytisch rechnen. Aus diesem Grund sollen analytische und numerische Abschätzungsverfahren von Anfang an angewendet werden.

5.2 Analyse des homogenen Systems

In diesem Teil wird angenommen, dass es keine schwingende Anregung gibt. Es gilt $\mu = 0$.

$$a_0 \frac{\mathrm{d}^3 X}{\mathrm{d}\tau^3} + a_1 \frac{\mathrm{d}^2 X}{\mathrm{d}\tau^2} + a_2 \frac{\mathrm{d}X}{\mathrm{d}\tau} + a_3 f(X) = 0 \tag{5.16}$$

Zunächst wird das System mit Hilfe des Verfahrens der harmonischen Balance untersucht. Dann wird eine numerische Kontinuationsmethode eingesetzt, um die Güte der analytischen Näherung zu bestimmen.

5.2.1 Analyse mit Hilfe der harmonischen Balance

Es wird angenomment, dass $X = X_1 \sin \Omega\tau$. Mit diesem Ansatz kann $f(X)$ linearisiert werden. Siehe dazu den Abschnitt 9.2. Die linearisierte Funktion lautet

$$f_1(X_1) = 1 - \frac{2}{\pi} \arcsin \frac{1}{X_1} - \frac{2}{\pi X_1} \sqrt{1 - \frac{1}{X_1^2}} \tag{5.17}$$

Die linearisierte Gleichung des homogenen Systems lautet:

$$a_0 \frac{\mathrm{d}^3 X}{\mathrm{d}\tau^3} + a_1 \frac{\mathrm{d}^2 X}{\mathrm{d}\tau^2} + a_2 \frac{\mathrm{d}X}{\mathrm{d}\tau} + a_3 f_1(X_1) X = 0 \tag{5.18}$$

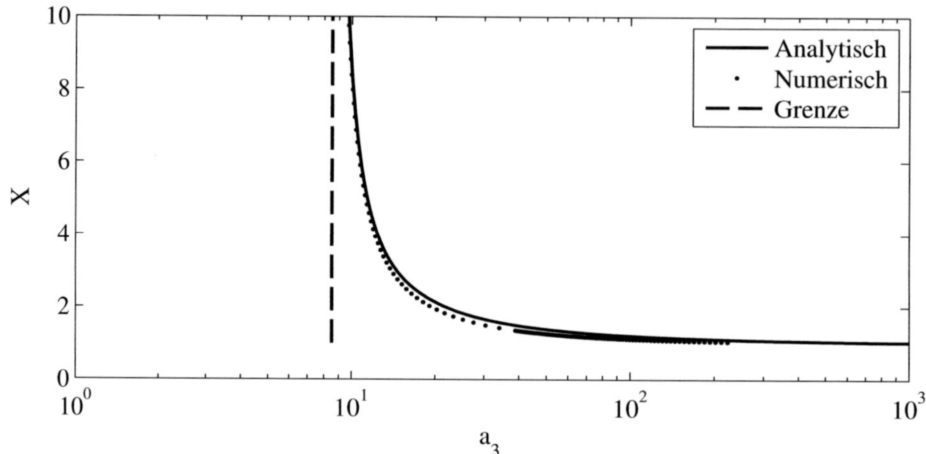

Bild 5.4: Amplitude als Funktion von a_3

Es wird ein Grenzzyklus in der Form $X = X_1 \sin(\Omega\tau)$ gesucht. Es kann in (5.18) eingefügt werden. Es ergeben sich die Gleichungen für die Frequenz und die Amplitude:

$$\begin{aligned} \Omega &= \sqrt{\frac{a_2}{a_1}} \\ a_3 &= \frac{a_1 a_2}{a_0 f_1(X_1)} \end{aligned} \tag{5.19}$$

Diese Gleichung entspricht gerade dem Grenzfall für das Kriterium von LIÉNARD und CHIPART [47] für die asymptotische Stabilität. Die Amplitude und die Periode des Grenzzyklus in Abhängigkeit von a_3 werden in den Bildern 5.4 und 5.5 dargestellt. Die Frequenz des Grenzzyklus hängt weder von der Breite des Überdeckungsbereiches noch von der Amplitude der Schwingungen ab. Bei nichtlinearen Systemen ist es üblich, dass die Frequenz von der Amplitude abhängt. Wahrscheinlich ist die Näherung bezüglich der Frequenz nicht so gut. Es wird in Bild 5.5 die analytische und die numerische Lösung dargestellt. Die analytische Lösung ist nur im Bereich gut, wo die Amplitude groß sind. Es ist aber bemerkenswert, dass die Näherungslösung der Frequenz nicht besser wird, wenn zusätzliche Glieder mit höheren Harmonischen für X berücksichtigt werden.

Es lässt sich dann die Amplitude des Grenzzyklus X_1 als Funktion von a_3 darstellen (Siehe Bild (5.19)). Die globale Stabilitätskarte kann im Bild 5.6 schematisch dargestellt werden. In dem Totbereich, wo $f(X) = 0$ gilt, verhält sich das System letztendlich fast wie ein gedämpfter Einmassenschwinger, wie ein Blick auf der Gleichung (5.16) es bestätigt. Das Unterschied liegt darin, dass außer des Koordinatenursprungs alle Punkte der Abzisse $X \in [-1; 1]$ eine Gleichgewichtslage sein können. Damit wird klar, dass die Trajektorien innerhalb des vom Grenzzyklus umgerandeten Bereichs im Totbereich enden. Als Beispiel

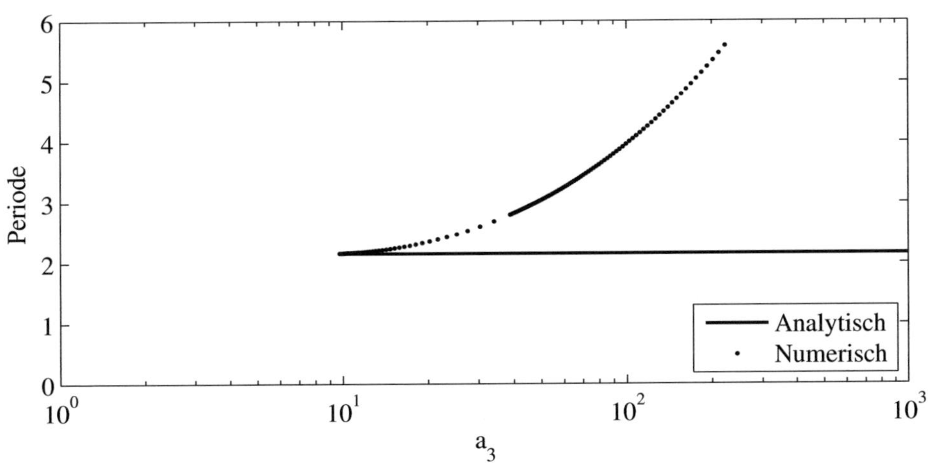

Bild 5.5: Abhängigkeit der Periode von a_3

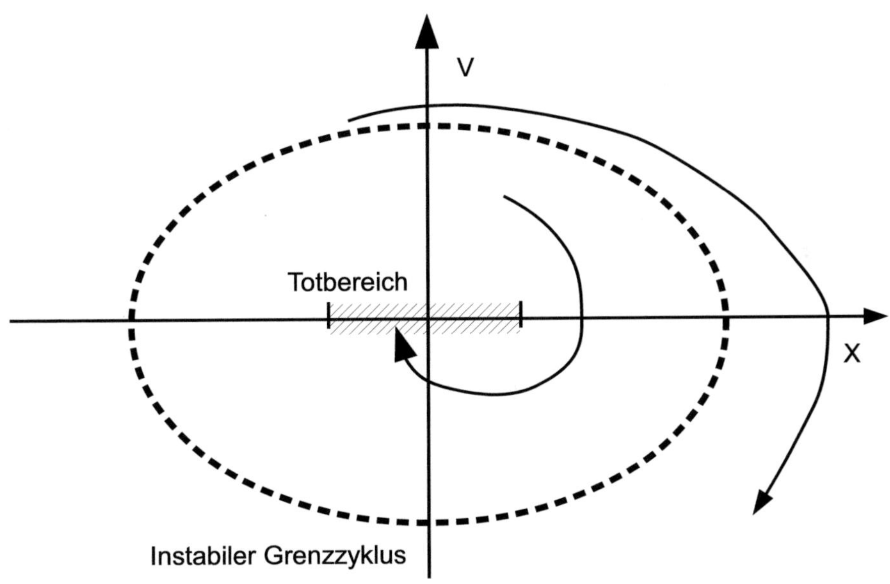

Bild 5.6: Schematische Struktur des Phasenraums

wird im Bild 5.7 eine Trajektorie dargestellt. Die Amplitude der Trajektorien, die außerhalb des Grenzzyklus starten, wächst unbegrenzt. Der Grenzzyklus ist instabil.

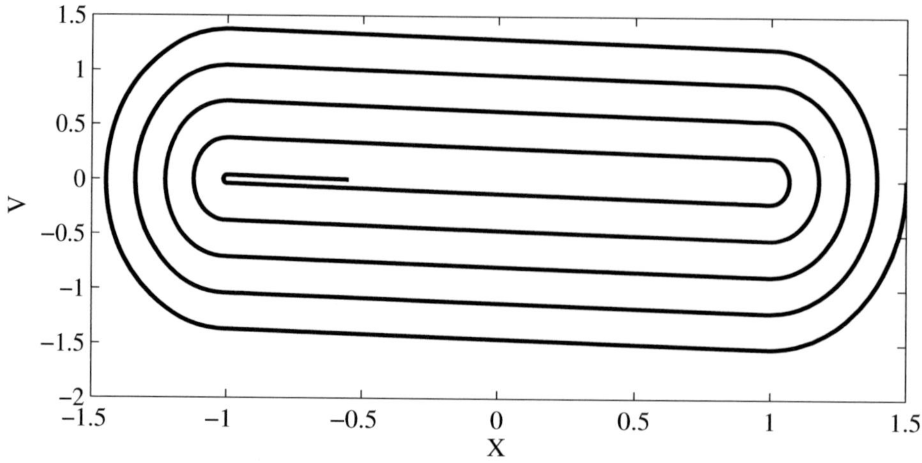

Bild 5.7: Stabile Trajektorie bei $a_0 = 0.01$, $a_1 = 1$, $a_2 = 0.0851$ und $a_3 = 9.44$

Es gibt ein Wert von a_3, unter dem das System immer asymptotisch stabil ist. Sei a_{3Inf} dieser Wert, bei dem der Grenzzyklus sich unendlich weit ausdehnt.

$$a_{3Inf} = \lim_{X_1 \to +\infty} \frac{a_1 a_2}{a_0 f_1(X_1)} = \frac{a_1 a_2}{a_0} \tag{5.20}$$

Das Verfahren der harmonischen Balance ist ein Näherungsverfahren. Der Grenzzyklus soll mit einer numerischen Methode untersucht werden, um genauere Ergebnisse zu bekommen.

5.2.2 Analyse mit Grenzzyklusverfolgung

In diesem Abschnitt wird der Grenzzyklus numerisch bestimmt. Eine erste Abschätzung des Grenzzyklus bei einem bestimmten Wert von a_3 wird mit harmonischer Balance bestimmt. Dann wird mit Hilfe eines modifizierten Newtonverfahrens eine genauere Lösung gefunden (Siehe Kapitel 10). Diese neue Lösung wird dann als Anfangsabschätzung bei einem weiteren benachbarten a_3 genommen. Eine genauere Lösung für X wird dann iterativ gefunden, usw. Es handelt sich um die Verfolgung des Grenzzyklus in Abhängigkeit von a_3. Dabei muss berücksichtigt werden, dass $f(X)$ nicht stetig differenzierbar ist. Es sollen also Verfahren aus der nichtglatten Mechanik eingesetzt werden.

Die numerische Suche nach Grenzzyklen in homogenen Systemen wird von Parker und Chua [67] sehr ausführlich beschrieben, allerdings für glatte Systeme. Das Verfahren soll für nichtglatte Systeme angepasst werden. Das angepasste Verfahren wird von Adolfsson [1] im Detail beschrieben. Um die Unstetigkeit der Kennlinie zu berücksichtigen, muss dabei die sogenannte Sprungmatrix („saltation matrix“) berechnet werden. Das Konzept der

Sprungmatrix wird in di Bernardo [5] erklärt (siehe auch Müller [61] für eine andere Darstellung). Für das betrachtete System ist die Sprungmatrix gleich die Einheitsmatrix, weil der Fluß stetig und hinreichend glatt ist (Im Abschnitt 10.2 bewiesen). Es lässt sich dadurch erklären, dass der Zustandsvektor aus X mit seinen zwei ersten Ableitungen besteht. Die stückweise lineare Kennlinie hat erst auf die dritte Ableitung Auswirkung. Der Fluss der Gleichung ist damit glatt genug und es gibt keine Korrektur des Übergangs von einem Bereich zum anderen. Die Amplitude und die Periode des Grenzzyklus in Abhängigkeit von a_3, mit diesem numerischen Verfahren bestimmt, sind in den Bildern 5.4 und 5.5 dargestellt.

5.2.3 Fazit

Die Wegamplitude kann mit guter Genauigkeit mit dem Verfahren der harmonischen Balance bestimmt werden. Die Frequenz ist wie erwartet relativ schlecht abgeschätzt.

5.3 Analyse des Systems mit Anregung

Die Dynamik des homogenen Systems ist relativ einfach. Es gibt zwei Bereiche, getrennt von einem instabilen Grenzzyklus. Das System mit Anregung bietet mehr dynamische Phänomene an. Je nach Anfangsbedingungen kann die Lösung unbegrenzt wachsen, periodisch mit unterschiedlicher Periode oder sogar chaotisch werden. Die Einflüsse von Amplitude und Frequenz der Anregung werden untersucht.

Zunächst wird der Einfluss der Anfangsbedingungen bei gegebener Anregungsamplitude und -frequenz untersucht. Die Anfangsbedingungen werden zufällig gewählt und die Differentialgleichung (5.12) wird lang integriert, damit ein stationärer Zustand sich etablieren kann. Diese Methode wird Monte-Carlo-Simulation genannt.

Damit können Bifurkationsdiagramme erzeugt werden. Auf der Abzissenachse werden unterschiedliche Werte von μ dargestellt. Die Anregungsfrequenz wird als konstant betrachtet. Für jedes Wert von μ werden viele Simulation mit unterschiedlichen Anfangsbedingungen durchgeführt und die Maximawerte von X bei eingeschwungenen System werden auf der Ordinatenachse dargestellt. Diese Methode wird in Strogatz [85] vorgeschlagen.

In Bild 5.8 ist bei der Frequenz $\eta = 1$ (entspricht einer Anregungsfrequenz von ca. 12 Hz) ein Bifurkationsdiagramm gezeigt. Bei Anregungsamplitude $\mu \in]0; 3]$ gibt es vier verschiedenen Lösungsarten.

- Schwingungen im Totbereich
- periodische Schwingungen
- chaotische Schwingungen
- Schwingungen mit monoton steigender Amplitude

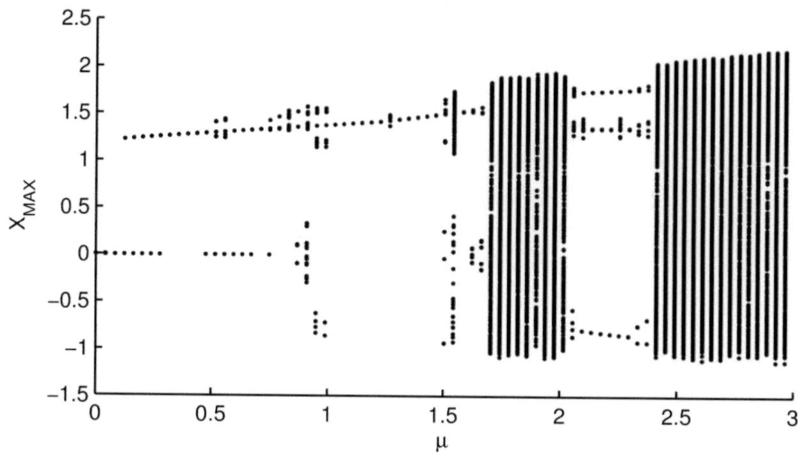

Bild 5.8: Bifurkationsdiagramm bei a_0=0.01, $a_1 = 1$, $a_2 = 0.0851$, $a_3 = 9.44$ und $\eta = 1$

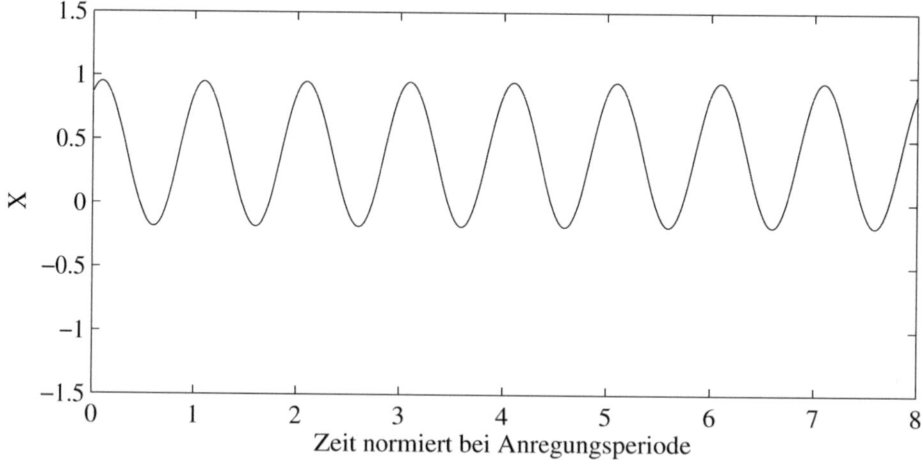

Bild 5.9: Periodische Schwingung innerhalb des Totbereichs

Bei der ersten Lösung schwingt das Ventil innerhalb des Totbereichs mit sehr kleiner Amplitude ($X \in [-1; 1]$). In diesem Fall bleibt das Ventil geschlossen. Dieses Verhalten wird von dem Punkten mit y-Koordinaten 0 dargestellt. Im Bild 5.9 wird ein solches Beispiel dargestellt.

Bei der zweiten Lösung schwingt das Ventil periodisch um den Totbereich. Die Periode der Schwingung kann ein vielfaches der Anregungsfrequenz sein. Es ist bemerkenswert, dass

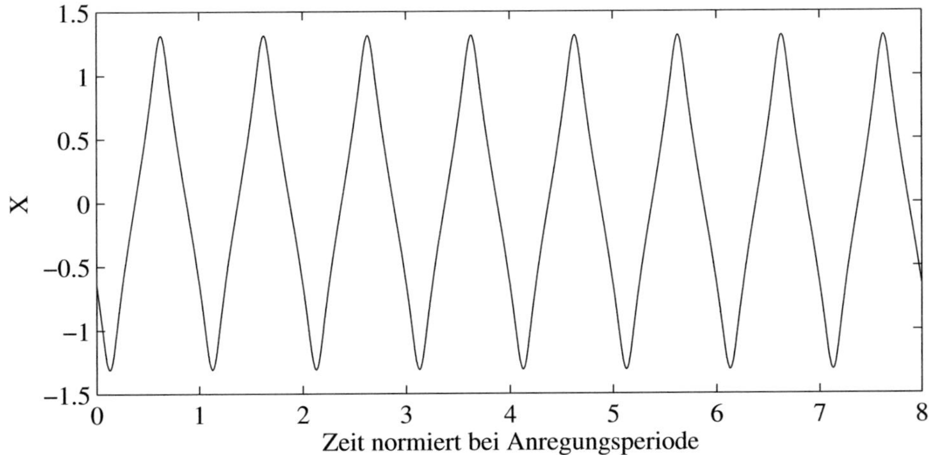

Bild 5.10: Periodische Schwingung mit Periode 1

die Schwingung in der Regel nicht mehr symmetrisch ist. Da das System symmetrisch ist, sobald eine Lösung nicht symmetrisch ist, existiert immer sein um die Zeitachse gespiegeltes Pendant mit den gleichen Stabilitätseigenschaften. In Bild 5.10 ist ein Beispiel mit Periode 1 gezeigt.

Die dritte Art von Lösungen sind chaotische Schwingungen. In diesem System werden sie als ein transientes Verhalten, das sehr lange dauert, beobachtet (siehe Bild 5.11). Es soll hier betont werden, dass die Zeitskala verschoben ist. Der Ursprung wird erst nach 8000 dimensionslosen Zeiteinheiten gesetzt. Damit soll gewährleistet werden, dass die transiente Dynamik abgeklungen ist. Die FFT des Signals liefert ein kontinuierliches Spektrum, wie es in Bild 5.12 zu sehen ist. Als weiterer starker Hinweis für chaotische Bewegung ist der größte ljapunowsche Exponent einer solchen Trajektorie positiv (siehe Bild 5.13). Einzelheiten über die Berechnung von ljapunowschen Exponenten können in Moon [60] gefunden werden.

Die letzte Art von Lösungen sind Schwingungen, deren Amplituden unbegrenzt wachsen (Siehe Bild 5.14).

Der Übergang von einem Typ von Schwingungen zum anderen sind die Bifurkationen. Für Systeme zweiter Ordnung gibt es eine vollständige Klassifizierung der Bifurkationen, für Systeme höherer Ordnung jedoch nicht mehr und für nichtglatte Systeme überhaupt nicht [5]. In Bild 5.15 wird der erste Bifurkationsbereich feiner aufgelöst.

Die dickere Linie bei $X_{MAX} \approx 1.3$ ist eine stabile Lösung mit Periode 1. Sie wird in Bild 5.10 dargestellt für $\mu = 0.52$. Ab $\mu \approx 0.48$ tritt eine weitere stabile Lösung mit Periode 2 abrupt auf. Sie wird bei $\mu = 0.52$ in Bild 5.16 gezeigt. Bei $\mu \approx 0.55$ geht die Lösung mit Periode 2 in einer Lösung mit Periode 4 über (Bild 5.17). Der größte Unterschied ist bei den

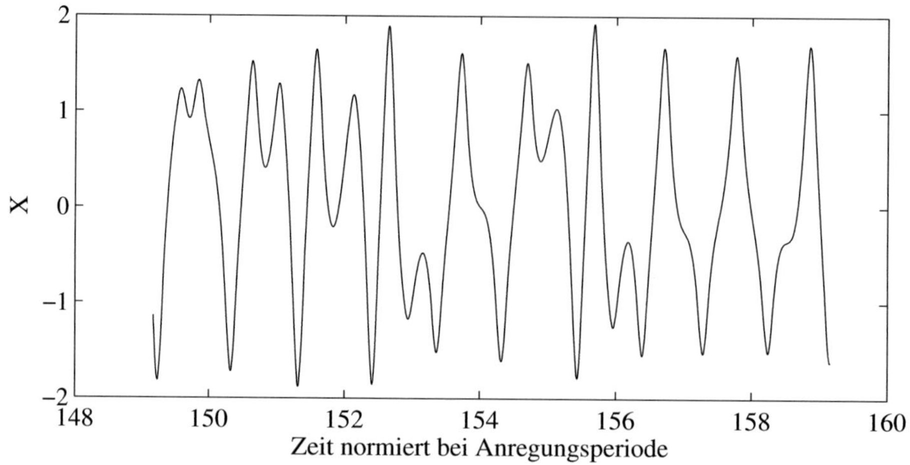

Bild 5.11: chaotische Schwingung bei a_0=0.01, $a_1 = 1$, $a_2 = 0.0851$, $a_3 = 9.44$, $\eta = 1$ und $\mu = 2$

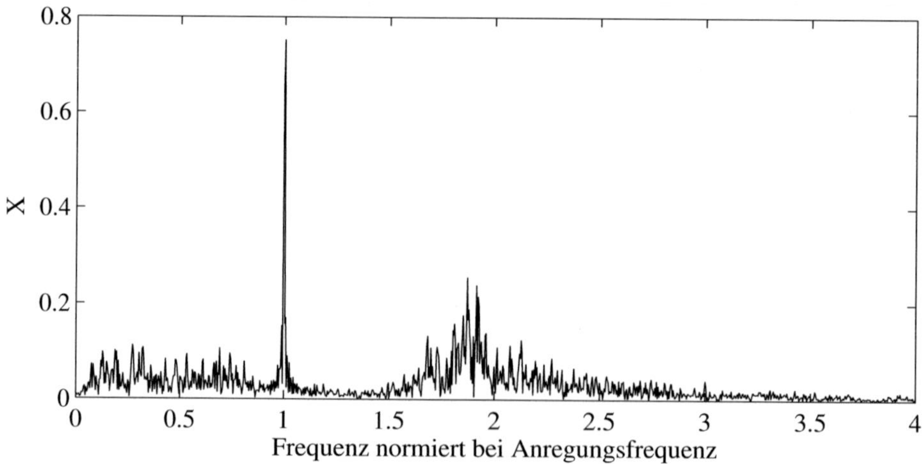

Bild 5.12: FFT der chaotischen Schwingungen

Wendepunkten zu sehen ($t \approx 0.5$; 2.5; 4.5;...). Bei $\mu \approx 0.563$ handelt es sich um eine weitere Periodenverdopplung (Bild 5.18). Bei $\mu \approx 0.567$ sind die Lösungen mit einer Periode größer als 1 nicht mehr zu sehen. Sie werden erst bei $\mu \approx 0.75$ wieder auftreten. Entweder sind sie instabil geworden, oder sie sind verschwunden. Eine feinere Analyse mit einer in Kapitel 10 erwähnten Variante des Verfolgungsalgorithmus oder die Benutzung einer spezialisierten Software wie MATCONT könnte helfen, die hier auftretende Bifurkation zu beschreiben.

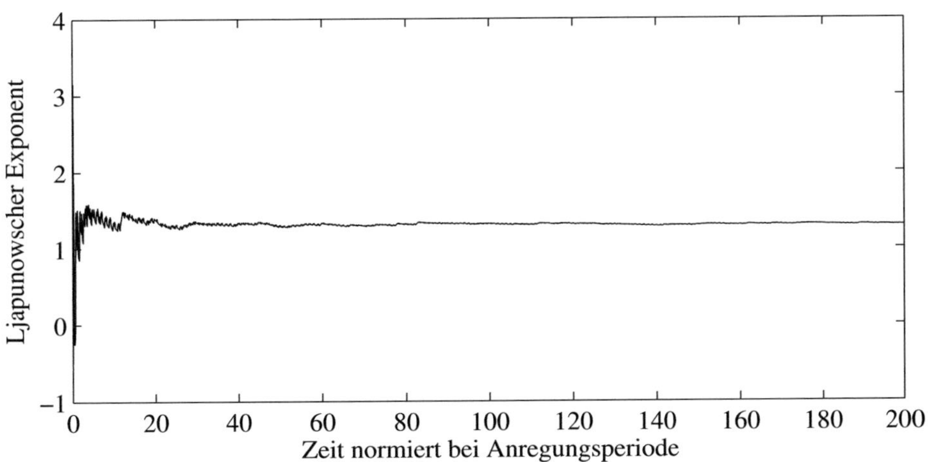

Bild 5.13: Zeitverlauf des größten ljapunowschen Exponents

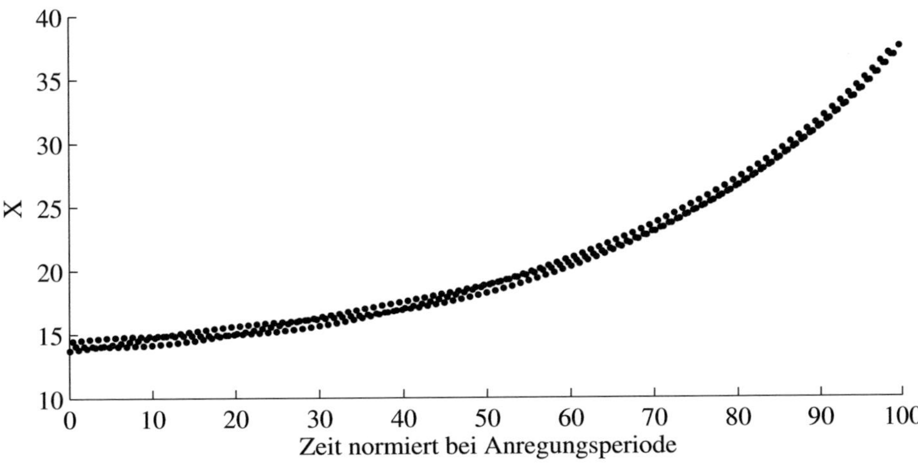

Bild 5.14: Schwingung mit wachsender Amplitude. Amplitude über der Zeit. $a_0 = 0.01$; $a_1 = 1$; $a_2 = 0.085$; $a_3 = 9.44$; $\mu = 3.3$ und $\eta = 1$

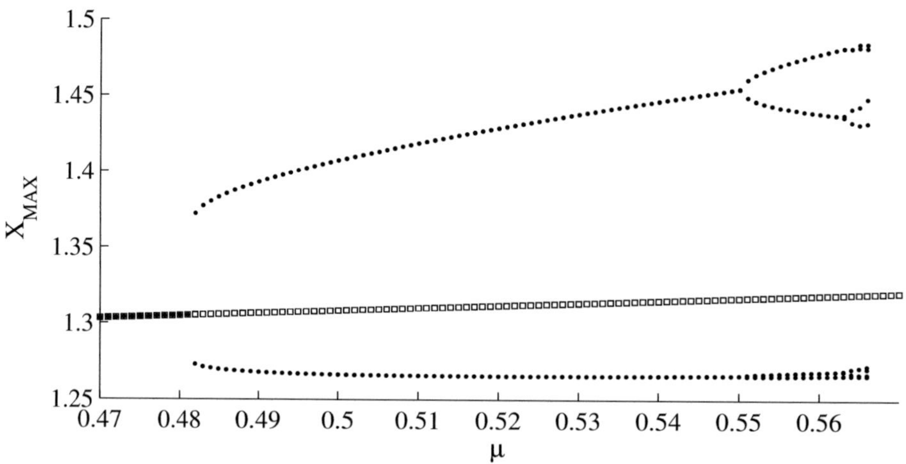

Bild 5.15: Bifurkationsdiagramm, Detail

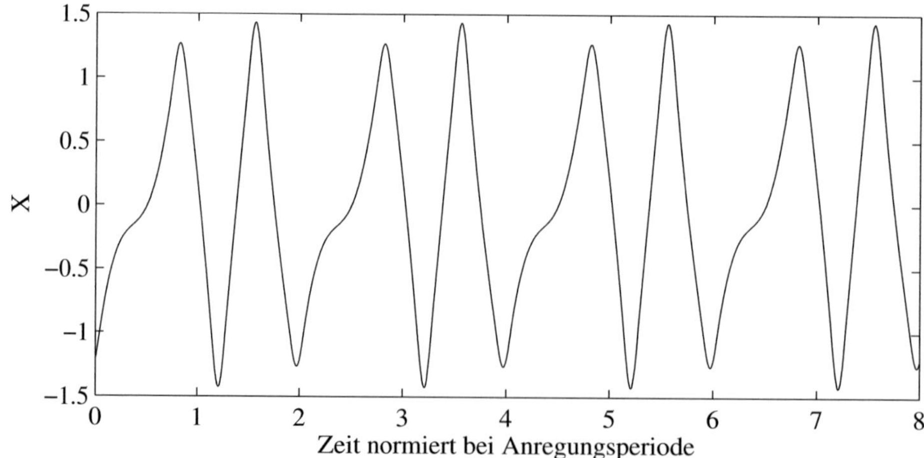

Bild 5.16: X über der Zeit mit Periode 2

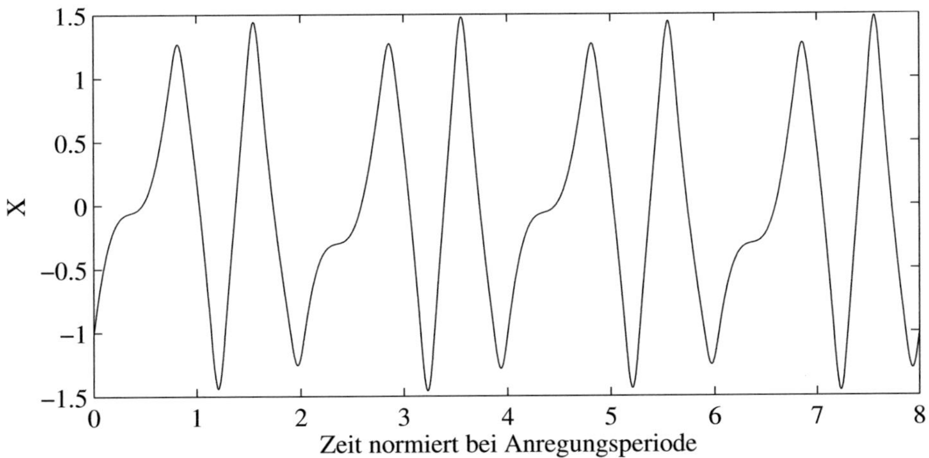

Bild 5.17: X über der Zeit mit Periode 4

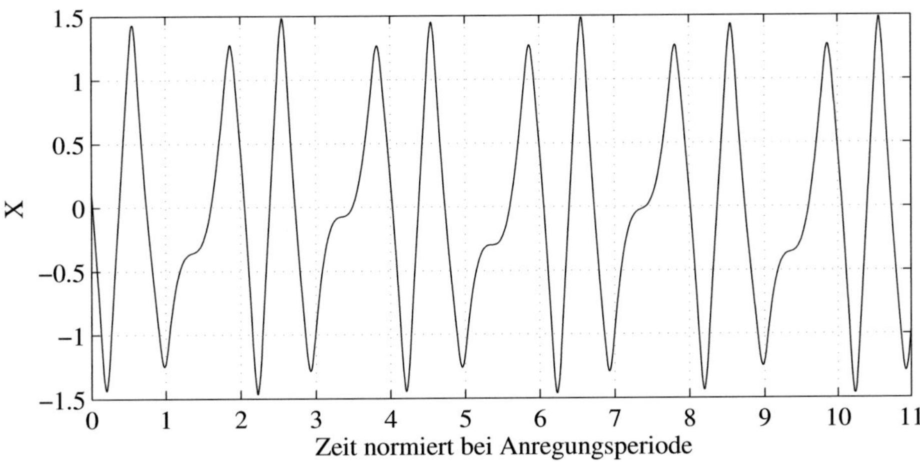

Bild 5.18: X über der Zeit mit Periode 8

6 Semiaktive Isolation

Im Kapitel 4 wird ein passives System untersucht. In diesem Kapitel werden aktive Systeme betrachtet. Eine zusätzliche Energiequelle ist vorhanden. Wenn ihre Leistung direkt zur Bekämpfung der Schwingungen benutzt wird, dann wird eher der Begriff „aktives System" benutzt. Aktive System können Schwingungen extrem reduzieren. Sie verwenden dafür üblicherweise viel Energie.

Bei semiaktiven Systemen wird oft als Basis zur Schwingungsreduktion ein passives System verwendet. Die zusätzliche Leistungsquelle dient dazu, die Werte von Parametern wie Dämpfung oder Steifigkeit an den aktuellen Bedarf anzupassen. Die verbrauchte Leistung bei semiaktiven Lösungen ist im Vergleich zu den aktiven Lösungen um mehrere Größenordnungen geringer. Semiaktive System erreichen in der Regel zwar nicht die volle Funktionalität von aktiven Systemen, übertreffen aber passive Systeme.

In der vorliegenden Arbeit wird die Steifigkeit des Isolators beeinflusst. Die Idee hinter der Steuerung kann durch einen Satz zusammengefasst werden: „Das System wird steif für die Statik und weich für die Dynamik". Damit wird einerseits gewährleistet, dass die relative statische Verdrehung zwischen den zwei Substrukturen begrenzt bleibt. Andererseits hat die Untersuchung des passiven Systems gezeigt, dass eine weiche Feder die gefährlichste Resonanz von dem nützlichen Frequenzbereich fern hält.

6.1 Prinzip

6.1.1 Anforderungen ans System

Die in diesem Abschnitt dargestellten Lösungen berücksichtigen folgende Anforderungen:

- Die Verdrehung zwischen Substruktur A und B muss begrenzt werden.
- Die Substruktur B soll vor den Schwingungen isoliert werden.

Die erste Anforderung hat zur Folge, dass die Substrukturen A und B durch ein steifes System gekoppelt werden müssen. Soll die zweite Anforderung berücksichtigt werden, dann soll die Kopplung nach Bedarf abgeschwächt werden. Dabei kann berücksichtigt werden, dass die charakteristische Zeitspanne der Änderung des mittleren Moments viel größer als die Anregungsperiode ist. Folglich kann eine Kompensation der Steifigkeit des Systems relativ langsam erfolgen.

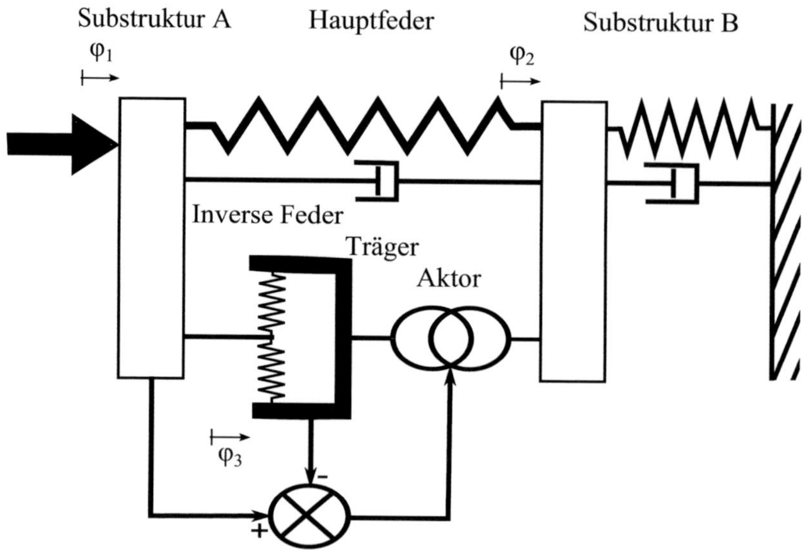

Bild 6.1: Prinzip des semiaktiven Systems

6.1.2 Prinzipielle Lösung

Das in Bild 6.1 dargestellte Modell wird als Basis benutzt. Die Substruktur A wird mit der Substruktur B durch eine steife Hauptfeder verbunden. Damit wird die erste Anforderung erfüllt. Parallel zu der Hauptfeder wird eine inverse Feder mit negativer Steifigkeit (siehe Bild 6.2) geschaltet. Sie soll die Hauptfeder lokal abschwächen und eine gute Isolation (zweite Anforderung) gewährleisten. Solche Feder sind nur bei kleinen Verformungen wirksam. Der Aktor zwischen dem Träger der inversen Feder und die Substruktur B verstellt so, dass trotz signifikanter Änderungen des mittleren Moments die inverse Feder nahezu aufrecht bleibt.

Es wäre auch möglich, den Aktor in Reihe mit der Hauptfeder zu benutzen (siehe Bild 6.3). In diesem Fall sollte er das mittlere Moment immer abstützen. In dieser Arbeit wird die erste Anordnung untersucht. Da der Aktor sich dabei in Reihe mit der inversen Feder befindet, sieht er „nur noch“ die gefilterten Schwingungen, die an die Substruktur B auch ankommen. Diese Architektur bietet also eine Art Leitungsverzweigung.

Dieses Prinzip wird mit zwei Patenten geschützt. Im dem ersten wird der Aktor als Variator ausgeführt [34]. Im zweiten Patent wird eine hydraulische Variante des Systems vorgeschlagen [32]. Die zweite Variante wird hier detailliert untersucht.

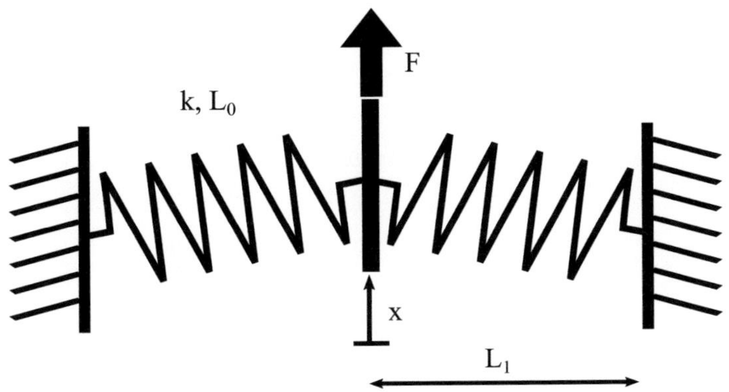

Bild 6.2: Prinzip einer inversen Feder

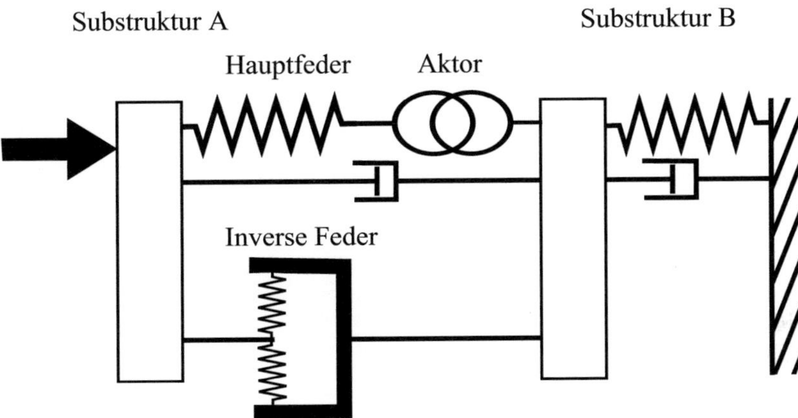

Bild 6.3: Alternatives Prinzip

6.1.3 Inverse Feder

Die inverse Feder mit negativer Steifigkeit kann unterschiedlich realisiert werden. Eine Tellerfeder oder der in Bild 6.2 dargestellte Mechanismus haben in einem begrenztem Wegbereich die gewünschte Eigenschaft. Die Kraft-Weg Beziehung lässt sich elementar

Abkürzung	Einheit	Bezeichnung
U	J	potentielle Energie im Mechanismus
F	N	Kraft
x	m	Verschiebung
k	N/m	Steifigkeit einer Feder
L_0	m	ungespannte Länge einer Feder
L_1	m	Länge der Feder eingebaut

Tabelle 6.1: Erläuterung der Abkürzungen

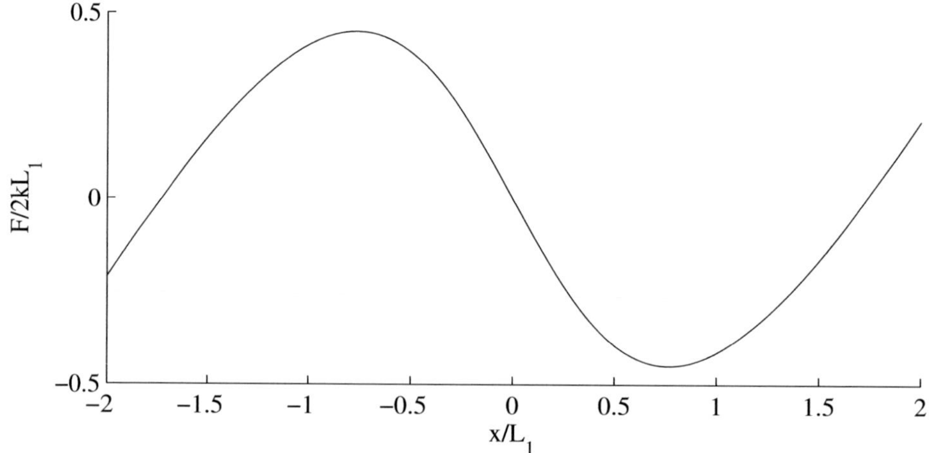

Bild 6.4: Kennlinie der inversen Feder

aus dem Ausdruck für die potentielle Energie U gewinnen und bei kleiner $\frac{x}{L_1}$ in einer Reihe entwickeln.

$$U = k\left(\sqrt{x^2 + L_1^2} - L_0\right)^2$$

$$F = \frac{\mathrm{d}U}{\mathrm{d}x}$$

$$F = 2k\left(1 - \frac{L_0}{\sqrt{x^2 + L_1^2}}\right)x \tag{6.1}$$

$$F = -2k\frac{L_0 - L_1}{L_1}x + O\left(k\frac{x^3}{L_1^3}\right) \tag{6.2}$$

Die Abkürzungen sind in der Tabelle 6.1 zusammengefasst.

Die Kennlinie der Feder wird in Bild 6.4 dargestellt.

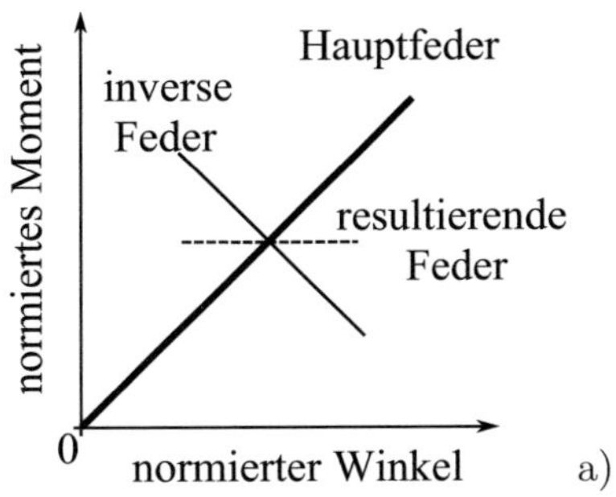

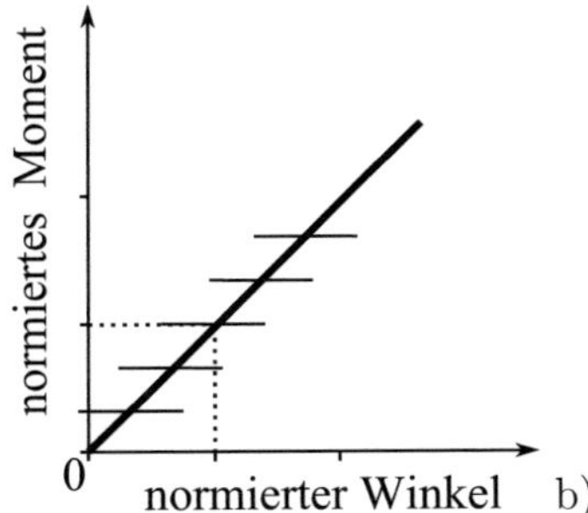

Bild 6.5: Lokale Abschwächung der Hauptfeder

6.1.4 Steuerungsstrategie

In Bild 6.5**a** ist gezeigt, wie die steife Hauptfeder durch die inverse Feder lokal abgeschwächt wird. Die Kennlinie der inversen Feder wird über die Kennlinie der Hauptfeder des Aktors „gezogen“, so dass die resultierende Kennlinie immer lokal flach wird (siehe 6.5**b**).

Die Idee hinter der Steuerungsstrategie ist die folgende: Das Moment, das auf B wirkt, soll gleich dem mittleren Anregungsmoment sein. Es wird angenommen, dass die charakteristische Zeit von der Änderung des Mittelmoments (˜0.1 Sekunde) wesentlich größer als die Periode der Momentschwankungen (˜0.01 Sekunde). In diesem Sinn ist dieses System sehr ähnlich zu dem System, welches in Kapitel 5 beschrieben wird. Es handelt sich darum, einen quasistatischen Druck oder Momentvorgabe zu folgen und es können die gleichen Methoden eingesetzt werden.

Die Steuerungsstrategie wird in Bild 6.6 dargestellt. Solange die Verformung der inversen Feder $|\varphi_1 - \varphi_3|$ klein bleibt, ist der Aktor starr. Der Abstand zwischen dem Träger und der Substruktur B soll konstant bleiben ($|\dot{\varphi}_2 - \dot{\varphi}_3| = 0$). Die inverse Feder und die Hauptfeder sind parallel geschaltet. Es ergibt sich ein System mit kleiner Steifigkeit. Diese Phase wird Isolationsbereich genannt.

Wenn die Verformung der inversen Feder eine gewisse Grenze überschreitet, dann soll der Aktor den Abstand zwischen Träger und Substruktur B so einstellen, dass die Verformung der inversen Feder wieder in den zulässigen Bereich zurückkehrt.

In den nächsten Abschnitten wird erläutert, wie der Aktor umgesetzt und kontrolliert werden kann.

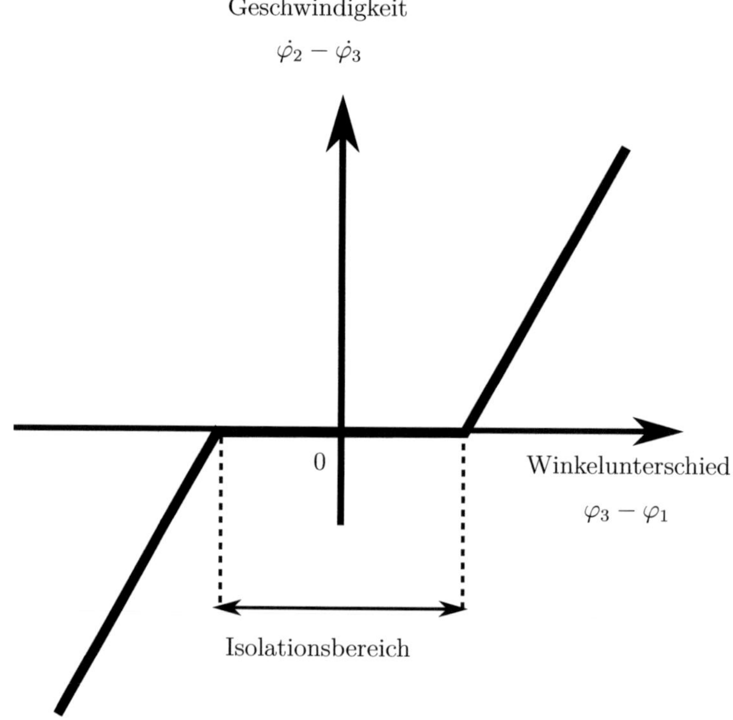

Bild 6.6: Reduziertes Modell, ungedämpft

6.2 Hydraulischer Aktor

Der Aktor und seine Steuerung können hydraulisch ausgeführt werden, weil die Hydraulik eine große Leistungsdichte und Flexibilität bietet.

6.2.1 Prinzip

Im Bild 6.7 wird das System dargestellt. Der Aktor wird durch einen einseitigen Kolben ersetzt. Der Druckraum kann mit einer Druckquelle (Systemdruck) beziehungsweise mit dem Tank verbunden werden, je nach Zustand der Steuerkante (P-A) beziehungsweise (A-T). Diese Steuerkanten werden abhängig vom Winkelunterschied $\varphi_1 - \varphi_3$ gesteuert. Die vorgespannten Federn im Kolben dienen dazu, dass er nach rechts im drucklosen Zustand verschoben wird. Es wäre möglich gewesen, einen doppelwirkenden Kolben zu haben, um auf die vorgespannten Feder verzichten zu können, dafür wäre die Steuerungsstrategie aufwendiger.

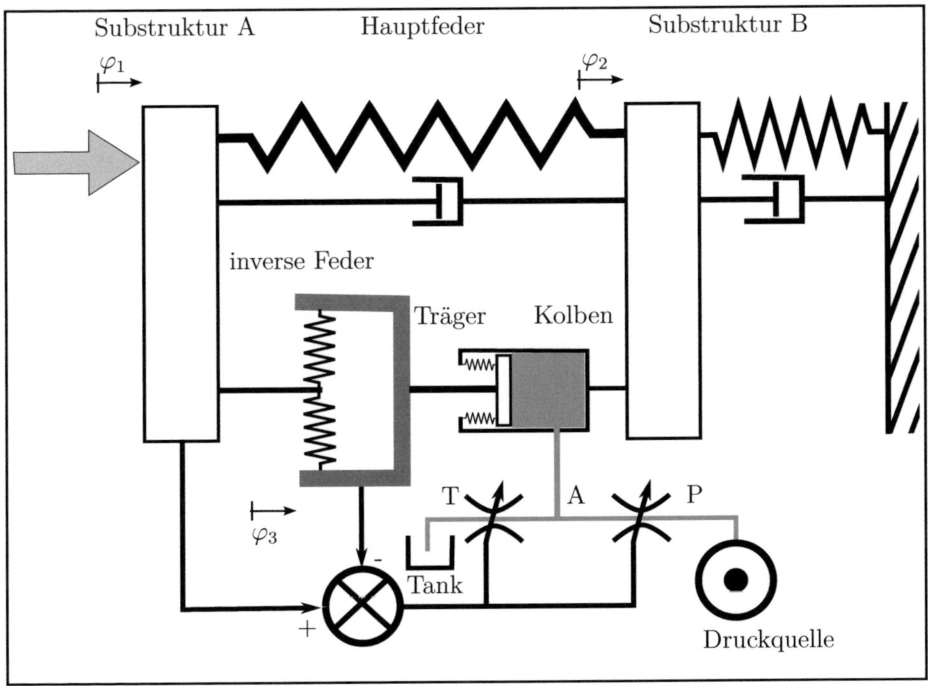

Bild 6.7: Semiaktives System mit hydraulischem Aktor

Das System mit seiner Regelung ohne äußere Anregung kann je nach Wahl der Parameter unterschiedliche Verhalten aufweisen. Immer wachsende Zustandsgrößen, Grenzzyklen oder Konvergenz zu einer Gleichgewichtslage sind möglichen Szenarien. Davon ist nur letztere Lösung von Interesse für die praktische Anwendung. Wir werden in einem folgenden Abschnitt ein Teil des Parameterraums mit der Hilfe der Methode der harmonischen Balance untersuchen.

6.2.2 Steuerungsstrategie

Die Steuerungsstrategie für die Öffnung des Ventils wird in Bild 6.8 dargestellt. Wenn die Verformung der inversen Feder klein bleibt, dann sind beide Steuerkanten geschlossen und das System ist im Isolierungsbereich. Wenn $\varphi_3 - \varphi_1$ größer als eine gewisse positive Grenze ist, dann wird der Kolben mit der Druckquelle verbunden. Wenn $\varphi_3 - \varphi_1$ kleiner als eine gewisse negative Grenze ist, dann wird er mit Tank verbunden und die vorgespannten Federn drücken die Kolbenstange nach rechts.

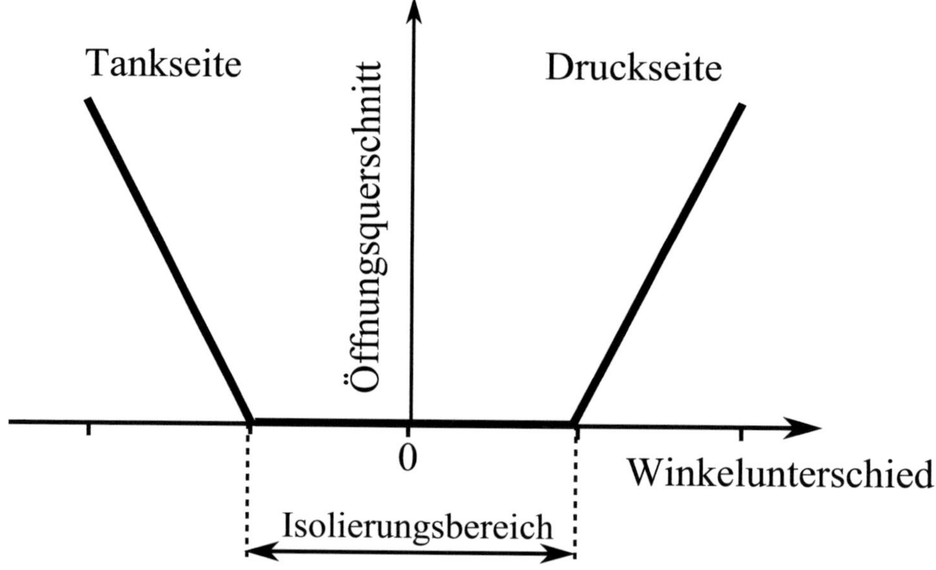

Bild 6.8: Öffnungsquerschnitt über Winkelunterschied

6.2.3 Mathematisches Modell

Dieses System hat offensichtlich sieben Zustandsgrößen: Die Drehwinkel und Drehgeschwindigkeiten der drei Trägheiten und den Druck. Zunächst werden die Bewegungsgleichungen bestimmt und danach wird das System noch vereinfacht.

Abkürzung	Einheit	Wert	Bezeichnung
J_1	kg m^2	0.26	Trägheit der Substruktur A
J_2	kg m^2	0.0269	Trägheit der Substruktur B
J_3	kg m^2	0	Trägheit des Trägers
φ_1	rad		Verdrehung von J_1
φ_2	rad		Verdrehung von J_2
φ_3	rad		Verdrehung von J_3
p_1	bar	10	Systemdruck
p_5	bar	5	Druck im hydraulischen Aktor
T	J		kinetische Energie im System
U	J		potentielle Energie im System
k_1	Nm/rad	3200	Steifigkeit der Hauptfeder
d_1	Nm s/rad	2.38	Dämpfung parallel zur Hauptfeder, Fall A
d_1	Nm s/rad	2.38	Dämpfung parallel zur Hauptfeder, Fall B
k_2	Nm/rad	1232	Steifigkeit der Feder der Substruktur B
d_2	Nm s/rad	3.57	Dämpfung der Substruktur B, Fall A
d_2	Nm s/rad	0.119	Dämpfung der Substruktur B, Fall B
k_3	Nm/rad	2080	Effektive Steifigkeit der inversen Feder
k_5	Nm/rad		Steifigkeit einer Feder aus dem inversen Feder-Mechanismus
ψ_{50}	rad		Ungespannter Winkel einer Feder aus dem inversen Feder-Mechanismus
ψ_{51}	rad		Winkelvorspannung einer Feder aus dem inversen Feder Mechanismus
k_6	Nm/rad	0	Steifigkeit der Vorspannfeder des hydraulischen Aktors
ψ_{60}	rad		Ungespannter Winkel einer Vorspannfeder des hydraulischen Aktors
ψ_{61}	rad		Winkelvorspannung einer Vorspannfeder des hydraulischen Aktors
C_5	m^3/Pa	0	Hydraulische Kapazität des Aktors
A_P	m^2		Öffnungsquerschnitt der Steuerkante zwischen Systemdruck und Aktor
A_T	m^2		Öffnungsquerschnitt der Steuerkante zwischen Aktor und Tank
γ	m$^{3/2}$/kg$^{1/2}$	0.027	Proportionalitätsfaktor der Steuerkanten
φ_G	°	4	Obere Grenze des Isolierungsbereichs
$-\varphi_T$	°	4	Untere Grenze des Isolierungsbereichs
M_0	Nm	300	Typisches Mittelmoment der Anregung
M_1	Nm	300	Typische Amplitude der Anregung
ω	U/min	1600-15000	Typische Anregungskreisfrequenz (2. Ordnung des 4 Zylinder-Motors)

Tabelle 6.2: Erläuterung der Abkürzungen

Aus der kinetischen und potentiellen Energie kann die Lagrange-Funktion gebildet werden:

$$\begin{aligned} T =& \frac{1}{2} J_1 \dot{\varphi}_1 + \frac{1}{2} J_2 \dot{\varphi}_2 + \frac{1}{2} J_3 \dot{\varphi}_3 \\ U =& \frac{1}{2} k_1 (\varphi_1 - \varphi_2)^2 + \frac{1}{2} k_2 \varphi_2^2 + k_5 \left((\psi_{51} - \psi_{50})^2 - \frac{\psi_{50} - \psi_{51}}{\psi_{51}} (\varphi_1 - \varphi_3)^2 \right) \\ & + k_6 (\varphi_2 - \varphi_3 + \psi_{61} - \psi_{60})^2 \\ L =& T - U \end{aligned} \tag{6.3}$$

Folgende Abkürzungen werden in den folgenden Gleichungen verwendet:

$$k_3 = 2k_5 \frac{\psi_{50} - \psi_{51}}{\psi_{51}} \qquad M_5 = 2k_6(\psi_{60} - \psi_{61})$$

Die Arbeit der äußeren Kräfte lautet:

$$\begin{aligned} \delta W &= Q_1 \delta\varphi_1 + Q_2 \delta\varphi_2 + Q_3 \delta\varphi_3 \\ Q_1 &= -d_1(\dot{\varphi}_1 - \dot{\varphi}_2) + M_0 + M_1 \sin \omega t \\ Q_2 &= d_1(\dot{\varphi}_1 - \dot{\varphi}_2) - d_2 \dot{\varphi}_2 + V_5 p_5 \\ Q_3 &= -V_5 p_5 \end{aligned} \tag{6.4}$$

Die Volumenstrombilanz des hydraulischen Aktors lautet:

$$C_5 \dot{p}_5 - Q_P + Q_T - V_5(\dot{\varphi}_3 - \dot{\varphi}_2) = 0 \tag{6.5}$$

Die durch die Steuerkanten fließenden Volumenströme sind in den folgenden Gleichungen gegeben.

$$Q_P = \begin{cases} \gamma A_P(\varphi_3 - \varphi_1 - \varphi_P)\sqrt{|p_1 - p_5|}\,\mathrm{sign}\,(p_1 - p_5) & \text{wenn } \varphi_3 - \varphi_1 \geq \varphi_P \\ 0 & \text{wenn } \varphi_3 - \varphi_1 < \varphi_P \end{cases} \tag{6.6}$$

$$Q_T = \begin{cases} \gamma A_T(\varphi_T + \varphi_3 - \varphi_1)\sqrt{|p_5|}\,\mathrm{sign}\,(p_5) & \text{wenn } \varphi_3 - \varphi_1 \leq -\varphi_T \\ 0 & \text{wenn } \varphi_3 - \varphi_1 > -\varphi_T \end{cases} \tag{6.7}$$

A_P und A_T sind die Öffnungsfläche der Steuerkanten und sind Funktion der Winkelunterschied $\varphi_3 - \varphi_1$. Der Fall, in dem A_P und A_T linear von dem Winkelunterschied abhängen ist in Bild 6.8 gezeigt. φ_P und φ_T sind positive Winkel und bilden die Grenzen des Isolierungsbereich.

Die Bewegungsgleichungen können mit der Lagrangeschen Methode zweiter Art gewonnen werden.

$$\begin{aligned} J_1 \ddot{\varphi}_1 + d_1(\dot{\varphi}_1 - \dot{\varphi}_2) + k_1(\varphi_1 - \varphi_2) - k_3(\varphi_1 - \varphi_3) &= M \\ J_2 \ddot{\varphi}_2 - d_1(\dot{\varphi}_1 - \dot{\varphi}_2) + d_2 \dot{\varphi}_2 - k_1(\varphi_1 - \varphi_2) + k_2 \varphi_2 + 2k_6(\varphi_2 - \varphi_3) - V_5 p_5 &= -M_5 \\ J_3 \ddot{\varphi}_3 + k_3(\varphi_1 - \varphi_3) - 2k_6(\varphi_2 - \varphi_3) + V_5 p_5 &= M_5 \end{aligned} \tag{6.8}$$

$$C_5\dot{p}_5 - V_5(\dot{\varphi}_3 - \dot{\varphi}_2) - Q_P + Q_T = 0 \tag{6.9}$$

Es handelt sich um ein System von gewöhnlichen inhomogenen nichtlinearen Differentialgleichungen siebter Ordnung. Die drei ersten Gleichungen des Systems sind linear. Die Nichtlinearität kommt aus dem Ventilverhalten, welches von Gleichung (6.9) beschrieben wird.

Dieses System kann vereinfacht werden, wenn angenommen wird, dass die Trägheit J_3 des Trägers und dass die hydraulische Kapazität C_5 vernachlässigt werden dürfen. Damit soll der Träger sehr leicht und das Aktorgehäuse hydraulisch steif sein. Da die Regelung auf dem Unterschied $\varphi_1 - \varphi_3$ reagiert, wird folgende Variablentransformation eingeführt:

$$\varphi_4 = \varphi_3 - \varphi_1 \tag{6.10}$$

Das System fünfter Ordnung, das untersucht wird, lautet:

$$\begin{aligned} J_1\ddot{\varphi}_1 + d_1(\dot{\varphi}_1 - \dot{\varphi}_2) + k_1(\varphi_1 - \varphi_2) + k_3\varphi_4 &= M \\ J_2\ddot{\varphi}_2 - d_1(\dot{\varphi}_1 - \dot{\varphi}_2) + d_2\dot{\varphi}_2 - k_1(\varphi_1 - \varphi_2) + k_2\varphi_2 - k_3\varphi_4 &= 0 \\ -k_3\varphi_4 - 2k_6(\varphi_2 - \varphi_1 - \varphi_4) + V_5p_5 &= M_5 \\ -V_5(\dot{\varphi}_4 + \dot{\varphi}_1 - \dot{\varphi}_2) - Q_P + Q_T &= 0 \end{aligned} \tag{6.11}$$

Dieses System hat die gleiche Nichtlinearität wie der Druckregler aus Kapitel 5. Es wird sich zeigen, dass ähnliche dynamische Phänomenen (Gleichgewichtslage, Instabilität, Grenzzyklus) vorhanden sind. Der Parameterraum soll untersucht werden.

Dafür sind die Grenzzyklen (periodische Lösungen) ein guter Angriffspunkt, wie es von Poincaré [69] vorgeschlagen wird. Wir werden eine Variante der Methode der harmonischen Balance anwenden, um das System zu linearisieren. Dann kann die Stabilität der Gleichgewichtslage des linearisierten Systems mit klassischen Methoden untersucht werden. Diese Vorgehensweise ist in Magnus und Popp [55], Kapitel 3.2.2 beschrieben. Methodisch gesehen wird zunächst eine statische Lösung gesucht und die obengenannte Methode wird auf die dimensionslosen Gleichungen in den Abweichungen angewendet.

6.2.4 Statische Lösung

Es wird zunächst eine statische Lösung gesucht. Das äußere Moment ist konstant.

$$M = M_0 \tag{6.12}$$

Wenn die Regelung ideal funktionieren würden, dann würde die inverse Feder bei statischem Zustand und geschlossenen Ventilen nicht beansprucht werden. Es gälte dann:

$$\overline{\varphi_1} = M_0\left(\frac{1}{k_1} + \frac{1}{k_2}\right) \tag{6.13}$$

$$\overline{\varphi_2} = \frac{M_0}{k_2} \tag{6.14}$$

$$\overline{\varphi_4} = 0 \tag{6.15}$$

$$\overline{p_5} = \frac{1}{V_5}\left(M_5 - 2\frac{k_6}{k_1}M_0\right) \tag{6.16}$$

6.2.5 Dimensionslose Gleichungen in den Abweichungen

Es werden die dimensionslosen Gleichungen in den Abweichungen geschrieben. Dafür werden folgende Abkürzungen benutzt.

$$\mu = \frac{J_2}{J_1} \qquad \frac{k_2}{J_2} = \omega_2^2 \qquad t = \frac{\tau}{\omega_2}$$

$$D_2 = \frac{d_2}{2J_2\omega_2} \qquad \delta = \frac{d_1}{d_2} \qquad F_0 = \frac{M_0}{k_2\overline{\varphi_2}} = 1$$

$$\kappa_1 = \frac{k_1}{k_2} \qquad \kappa_3 = \frac{k_3}{k_2} \qquad \kappa_5 = \frac{V_5\overline{p_5}}{k_2\overline{\varphi_2}}$$

$$\kappa_6 = 2\frac{k_6}{k_2} \qquad \gamma_1 = \frac{\gamma A_P\sqrt{p_S - \overline{p_5}}}{V_5\omega_2} \qquad \gamma_2 = \frac{\gamma A_T\sqrt{\overline{p_5}}}{V_5\omega_2}$$

$$\phi_1 = \frac{\varphi_1 - \overline{\varphi_1}}{\overline{\varphi_2}} \qquad \phi_2 = \frac{\varphi_2 - \overline{\varphi_2}}{\overline{\varphi_2}} \qquad \phi_4 = \frac{\varphi_4 - \overline{\varphi_4}}{\overline{\varphi_2}}$$

$$\phi_5 = \frac{p_5 - \overline{p_5}}{\overline{p_5}} \qquad \phi_T = \frac{\varphi_T}{\overline{\varphi_2}} \qquad \phi_G = \frac{\varphi_G}{\overline{\varphi_2}}$$

$$q_P = \frac{Q_P}{V_5\varphi_0\omega_2} \qquad q_T = \frac{Q_T}{V_5\varphi_0\omega_2} \qquad \chi_1 = \frac{p_1 - \overline{p_5}}{\overline{p_5}}$$

Es wird auch angenommen, dass der Öffnungsquerschnitt der Ventile eine stückweise lineare Funktion von ϕ_4 ist, wie sie in Bild 6.8 dargestellt wird. Es gilt dann:

$$\frac{1}{\mu}\phi_1'' + 2D_2\delta(\phi_1' - \phi_2') + \kappa_1(\phi_1 - \phi_2) + \kappa_3\phi_4 = 0 \tag{6.17}$$

$$\phi_2'' - 2D_2\delta(\phi_1' - \phi_2') + 2D_2\phi_2' - \kappa_1(\phi_1 - \phi_2) + \phi_2 - \kappa_3\phi_4 = 0 \tag{6.18}$$

$$-\kappa_3\phi_4 - \kappa_6(\phi_2 - \phi_1 - \phi_4) + \kappa_5\phi_5 = 0 \tag{6.19}$$

$$\phi_1' + \phi_4' - \phi_2' + q_P - q_T = 0 \tag{6.20}$$

Die letzte Gleichung (6.20) soll noch detailliert geschrieben werden:

$$q_P = \begin{cases} \gamma_1(\phi_4 - \phi_P)\sqrt{|1 - \chi_1\phi_5|}\,\mathrm{sign}\,(1 - \chi_1\phi_5) & \text{wenn } \phi_4 \geq \phi_P \\ 0 & \text{wenn } \phi_4 < \phi_P \end{cases} \tag{6.21}$$

$$q_T = \begin{cases} -\gamma_2(\phi_4 + \phi_T)\sqrt{|1 + \phi_5|}\,\mathrm{sign}\,(1 + \phi_5) & \text{wenn } \phi_4 \leq -\phi_T \\ 0 & \text{wenn } \phi_4 > -\phi_T \end{cases} \tag{6.22}$$

Die Zustandsgröße ϕ_5 charakterisiert den Druck im System. Es ist gewünscht, dass er nie größer als der Systemdruck bzw. kleiner als der Tankdruck wird. Sie ist also begrenzt und es wird angenommen, dass ihre Amplitude so klein ist, dass eine Linearisierung der Wurzel zulässig ist. Diese Annahme soll nachträglich geprüft werden, ob sie die Ergebnisse nicht zu sehr beeinträchtigt. Sie bringt den erheblichen Vorteil mit, dass die Gleichungen für die harmonische Linearisierung sich in geschlossener Form integrieren lassen. Es gilt:

$$q_P = \begin{cases} \gamma_1(\phi_4 - \phi_P)(1 - \frac{\chi_1\phi_5}{2}) & \text{wenn } \phi_4 \geq \phi_P \\ 0 & \text{wenn } \phi_4 < \phi_P \end{cases} \tag{6.23}$$

$$q_T = \begin{cases} -\gamma_2(\phi_4 + \phi_T)(1 + \frac{\phi_5}{2}) & \text{wenn } \phi_4 \leq -\phi_T \\ 0 & \text{wenn } \phi_4 > -\phi_T \end{cases} \tag{6.24}$$

6.2.6 Harmonische Linearisierung der Gleichungen für Stabilitätsanalyse

Es werden periodische Lösungen des ursprünglichen autonomen Systems gesucht (Grenzzyklen). Da es nicht konservativ ist, sind diese periodischen Lösungen im Phasenraum isoliert. Die Grenzzyklen lassen sich durch harmonische Funktionen der Zeit annähern. Infolgedessen wird das System auf seinen linearen Ersatz (6.30) so projiziert, dass der Abstand zwischen dem urprünglichen System und dem linearisierten System bei harmonischen Zustandsgrößen minimiert wird. Die Methode wird im Abschnitt 9.2 erklärt.

Es wird angenommen, dass das System einen Grenzzyklus erreicht hat, dessen Kreisfrequenz Ω noch unbekannt ist. Die Zustandsgrößen sind daher periodisch und dürfen in Fourierreihen zerlegt werden. Davon werden nur die Terme bis zur ersten Ordnung berücksichtigt. Sie lauten, für $j \in [\![1, 5]\!]$:

$$\phi_j = a_j + b_j \sin(\Omega\tau) + c_j \cos(\Omega\tau) \tag{6.25}$$

Der Ursprung der Zeitachse wird so gewählt, dass:

$$\phi_4 = a_4 + b_4 \sin(\Omega\tau) \tag{6.26}$$

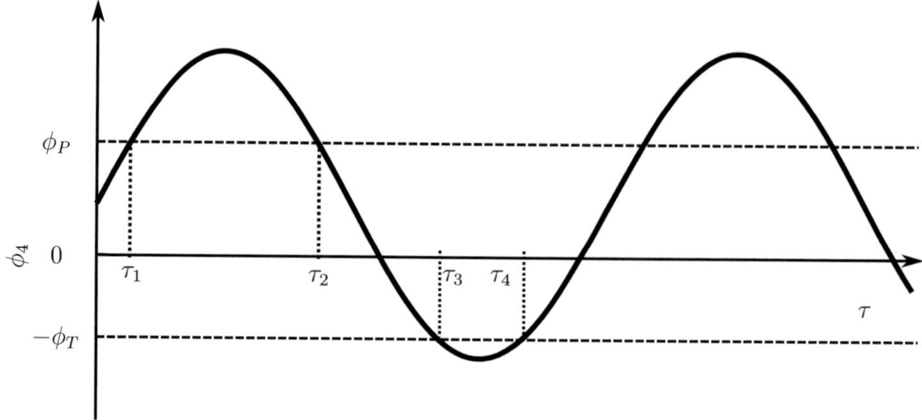

Bild 6.9: Öffnungszeiten der Ventile

Es kann dann bestimmt werden, wann die Steuerkanten öffnen und schließen. Die Systemsteuerkante öffnet, wenn $\phi_4 > \phi_P$ und die Tanksteuerkante wenn $\phi_4 < -\phi_T$, wie es in Bild 6.9 dargestellt ist. Die Werte für τ_j bei $j \in [\![1,4]\!]$ lassen sich bestimmen:

$$\begin{aligned}
\tau_1 &= \frac{1}{\Omega}\arcsin\left(\frac{\phi_P - a_4}{b_4}\right)\\
\tau_2 &= \frac{\pi}{\Omega} - \tau_1\\
\tau_3 &= \frac{\pi}{\Omega} + \frac{1}{\Omega}\arcsin\left(\frac{\phi_T + a_4}{b_4}\right)\\
\tau_4 &= \frac{2\pi}{\Omega} - \frac{1}{\Omega}\arcsin\left(\frac{\phi_T + a_4}{b_4}\right)
\end{aligned} \tag{6.27}$$

Die harmonisch linearisierten Ausdrücke für die Volumenströme lauten:

$$\tilde{q_P} - \tilde{q_T} = \xi_0 + \xi_4\phi_4 + \xi_5\phi_5 \tag{6.28}$$

Die Koeffizienten lassen sich mit den folgenden Gleichungen bestimmen.

$$\begin{aligned}
\Pi &= \frac{\Omega}{2\pi}\int_0^{\frac{2\pi}{\Omega}} (q_P - q_T - \tilde{q_P} + \tilde{q_T})^2 \mathrm{d}\tau\\
\Pi &= \frac{\Omega}{2\pi}\left(\int_0^{\tau_1} (-\tilde{q_P} + \tilde{q_T})^2 \mathrm{d}\tau + \int_{\tau_1}^{\tau_2} (q_P - \tilde{q_P} + \tilde{q_T})^2 \mathrm{d}\tau + \int_{\tau_2}^{\tau_3} (-\tilde{q_P} + \tilde{q_T})^2 \mathrm{d}\tau\right.\\
&\qquad \left. + \int_{\tau_3}^{\tau_4} (-q_T - \tilde{q_P} + \tilde{q_T})^2 \mathrm{d}\tau + \int_{\tau_4}^{\frac{2\pi}{\Omega}} (-\tilde{q_P} + \tilde{q_T})^2 \mathrm{d}\tau\right)
\end{aligned}$$

Das Funktional Π, der Abstand zwischen $q_P - q_T$ und $\tilde{q_P} - \tilde{q_T}$ soll über eine Periode bezüglich der Unbekannten ξ_0, ξ_4 und ξ_5 minimiert werden. Aus den Minimierungsgleichungen (6.29) können dann die Koeffizienten ξ_0, ξ_4 und ξ_5 bestimmt werden.

$$\frac{\partial \Pi}{\partial \xi_0} = 0 \qquad \frac{\partial \Pi}{\partial \xi_4} = 0 \qquad \frac{\partial \Pi}{\partial \xi_5} = 0 \tag{6.29}$$

Die expliziten Ausdrücke der Koeffizienten sind lang und werden hier nicht angegeben. Sie sind Funktionen von a_4, b_4 und Ω. Das Gleichungssystem lässt sich unter Berücksichtigung von (6.19) und (6.29) als ein System von gewöhnlichen inhomogenen Differentialgleichungen erster Ordnung schreiben:

$$\mathbf{x}' = \mathbf{A}\mathbf{x} + \mathbf{b} \tag{6.30}$$

$$\mathbf{A} = \begin{bmatrix} 0 & 0 & 1 & 0 & 0 \\ 0 & 0 & 0 & 1 & 0 \\ -\mu\kappa_1 & \mu\kappa_1 & -2\mu D_2\delta & 2\mu D_2\delta & -\mu\kappa_3 \\ \kappa_1 & -\kappa_1 - 1 & 2D_2\delta & -2D_2(\delta+1) & \kappa_3 \\ \xi_5\frac{\kappa_6}{\kappa_5} & -\xi_5\frac{\kappa_6}{\kappa_5} & -1 & 1 & -\xi_4 - \xi_5\frac{\kappa_3-\kappa_6}{\kappa_5} \end{bmatrix}$$
$$\mathbf{b}^\mathbf{T} = \begin{bmatrix} 0 & 0 & 0 & 0 & -\xi_0 \end{bmatrix}$$
$$\mathbf{x}^\mathbf{T} = \begin{bmatrix} \phi_1 & \phi_2 & \phi_1' & \phi_2' & \phi_4 \end{bmatrix}$$

Zur Bestimmung der Grenzzyklen werden die Gleichungen (6.25) in das Gleichungsystem (6.30) eingesetzt und gelöst.

Es ist natürlich von Interesse, wie sich das System zwischen den Grenzzyklen qualitativ verhält. Die Antwort dazu ist relativ einfach, wenn das System (6.30) formell als linear betrachtet wird. Dann kann die Stabilität der Gleichgewichtslagen mit dem Hurwitzkriterium (siehe Abschnitt 11.3) untersucht werden. Das Ergebnis dieser Untersuchung kann als Stabilitätskarte im Parameterraum dargestellt werden. Im nächsten Abschnitt wird ein Beispiel berechnet.

6.2.7 Beispiel

Numerische Daten

Es werden zwei Fälle untersucht. Das Unterschied liegt in der Dämpfung, die entweder mäßig oder sehr klein gewählt wird. In der Tabelle 6.3 werden die Werte der Parameter gegeben, die für beide Fälle gelten. In Tabelle 6.4 werden die Parameter relativ zur Dämpfung gelistet. Es werden die Werte gewählt, die eine gute Leistung des Isolators gewährleisten (Siehe Bilder 4.7 und 4.8 im Kapitel 4). Das System wird symmetrisch aufgebaut. Außerdem wird die Steifigkeit der Feder k_6, die der Aktor zurückschiebt, vernachlässigt.

Der Einfluss des Öffnungsquerschnitts pro Winkel γ_1 der Steuerkanten soll untersucht werden.

Name	Wert	Einheit
J_1	0.26	kg m^2
J_2	0.0269	kg m^2
k_1	3200	Nm/rad
k_2	1234	Nm/rad
k_4	2080	Nm/rad
M_0	300	Nm
p_S	20	bar
R_5	50	mm
A_5	287.2	mm^2
φ_G	4	°
φ_0	13.9	°
ω_2	214.2	rad/s
ρ	1054.8	kg/m^3

Name	Wert
μ	0.104
κ_1	2.59
κ_3	1.69
κ_5	1.1145

Tabelle 6.3: Allgemeine Parameter des Systems

Name	Fall A	Fall B	Einheit
d_1	2.38	0.119	Nm s/rad
d_2	3.57	0.119	Nm s/rad

Name	Fall A	Fall B
D_2	0.2065	0.01
δ	1.5	20

Tabelle 6.4: Dämpfung

Stabilitätsanalyse des Systems bei der Nachstellung

Wenn das Mittelmoment sich langsam ändert, soll das System während einer langen Zeit nachstellen. Dafür wird die Tank- oder die Systemsteuerkante während dieser Dauer geöffnet. Dadurch kann das System instabil werden. Die Gleichungen (6.17) bis (6.20) lassen sich in der Nähe der Steuerkante linearisieren. Damit kann die Stabilität des Systems bestimmt werden, wenn eine der Steuerkanten leicht geöffnet wird. Das Gleichungsystem in der Abweichung lautet:

$$\mathbf{x}' = \mathbf{A}\mathbf{x} \tag{6.31}$$

$$\mathbf{A} = \begin{bmatrix} 0 & 0 & 1 & 0 & 0 \\ 0 & 0 & 0 & 1 & 0 \\ -\mu\kappa_1 & \mu\kappa_1 & -2\mu D_2\delta & 2\mu D_2\delta & -\mu\kappa_3 \\ \kappa_1 & -\kappa_1 - 1 & 2D_2\delta & -2D_2(\delta+1) & \kappa_3 \\ 0 & 0 & -1 & 1 & \gamma_1 \end{bmatrix}$$

$$\mathbf{x}^{\mathbf{T}} = \begin{bmatrix} \phi_1 & \phi_2 & \phi_1' & \phi_2' & \phi_4 \end{bmatrix}$$

Die Stabilität des Systems in Abhängigkeit von δ und γ_1 lässt sich mit dem Kriterium von LIÉNARD und CHIPART untersuchen. Die Stabilitätsbereiche werden als graue Fläche in den Bildern 6.10 und 6.11 dargestellt. Der aktuelle Wert von δ bei dem betrachteten Fall (A oder B) wird mit Hilfe der gestrichelten Linie deutlich gemacht. Die Stabilität

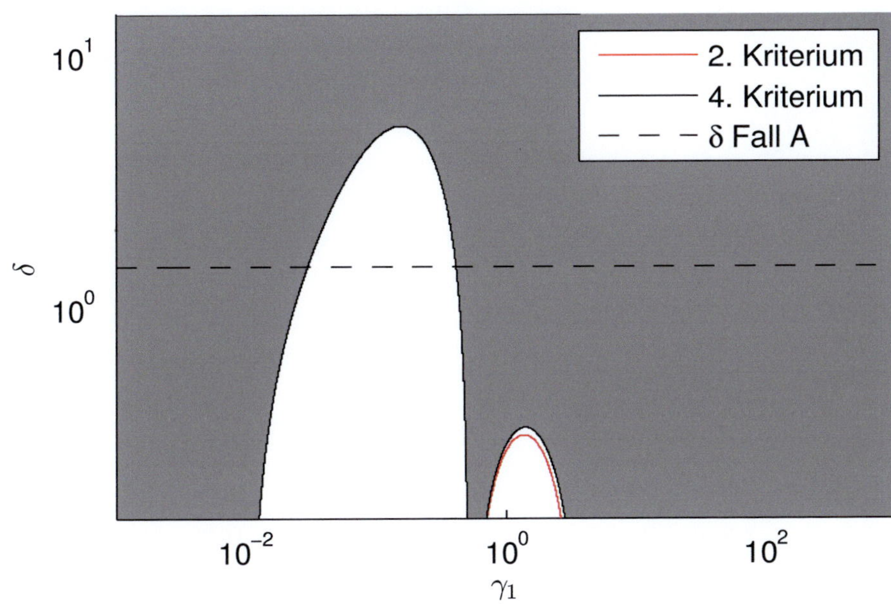

Bild 6.10: Stabilitätskarte, System A bei leicht geöffneter Steuerkante

des Systems während einer langsamen Nachstellung wird gewährleistet, wenn γ_1 kleiner als 0.03 (Fall A) beziehungsweise 0.012 (Fall B) gewählt wird.

Stabilitätsanalyse anhand des harmonisch linearisierten Systems

Mit diesen Parametern lässt sich die Gleichung (6.19) direkt lösen und es ergibt sich die folgende Beziehung zwischen dem Druck und der Verformung der inversen Feder.

$$\phi_5 = \frac{\kappa_3}{\kappa_5}\phi_4 \tag{6.32}$$

In diesem Fall lässt sich die Gleichung (6.28) vereinfachen.

$$\tilde{q_P} - \tilde{q_T} = \xi_4\phi_4 \tag{6.33}$$

Das Gleichungssystem lässt sich in Matrizenform schreiben:

$$\mathbf{x}' = \mathbf{A}\mathbf{x} \tag{6.34}$$

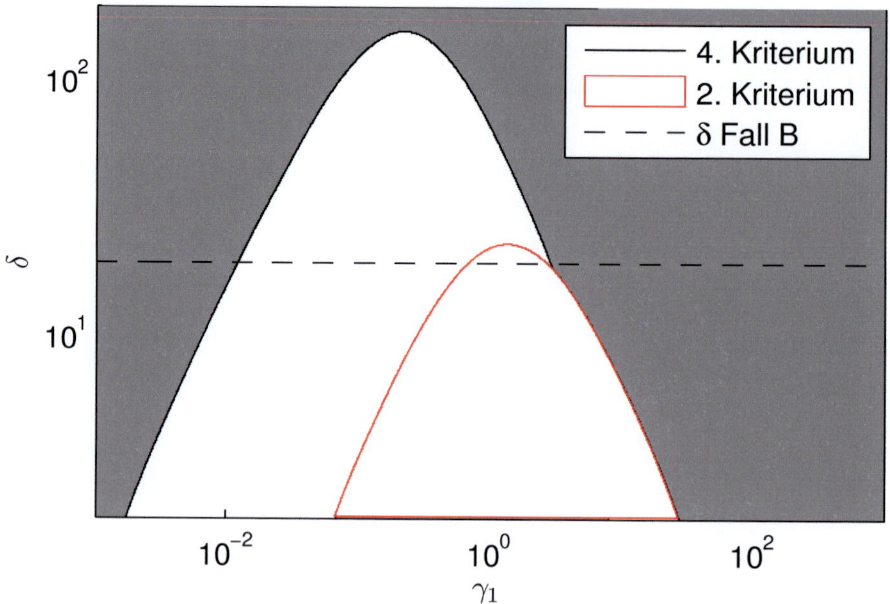

Bild 6.11: Stabilitätskarte, System B bei leicht geöffneter Steuerkante

Es gilt:

$$\mathbf{A} = \begin{bmatrix} 0 & 0 & 1 & 0 & 0 \\ 0 & 0 & 0 & 1 & 0 \\ -\mu\kappa_1 & \mu\kappa_1 & -2\mu D_2\delta & 2\mu D_2\delta & -\mu\kappa_3 \\ \kappa_1 & -\kappa_1 - 1 & 2D_2\delta & -2D_2(\delta+1) & \kappa_3 \\ 0 & 0 & -1 & 1 & -\xi_4 \end{bmatrix} \tag{6.35}$$

$$\mathbf{x}^\mathbf{T} = \begin{bmatrix} \phi_1' & \phi_2' & \phi_1 & \phi_2 & \phi_4 \end{bmatrix} \tag{6.36}$$

$$\beta_4 = \frac{b_4}{\phi_G} \tag{6.37}$$

$$\rho = \frac{\kappa_3}{2\kappa_5}\phi_G = 0.217 \tag{6.38}$$

$$\xi_4 = -\gamma_1 \left(\frac{2}{\pi\beta_4} \left(\frac{1}{3}\rho \left(4\beta_4^2 - 1 \right) + 1 \right) \sqrt{1 - \frac{1}{\beta_4^2}} + (1+\rho) \left(\frac{2}{\pi} \arcsin\left(\frac{1}{\beta_4} \right) - 1 \right) \right) \tag{6.39}$$

Die Funktion $\frac{-\xi_4}{\gamma_1}$ ist in Bild 6.12 dargestellt. Bei kleinen Werten der Grenzzyklusamplitude β_4 ist die Funktion negativ. Aus der letzten Zeile von **A** kann abgelesen werden, dass dieser Term dann wie eine Rückstellkraft wirkt. Bei großen Amplituden ($\beta_4 \approx 5$) wirkt dieser Term wie eine Antriebskraft. Das System wird so ausgelegt, dass die Steuerkante nur wenig

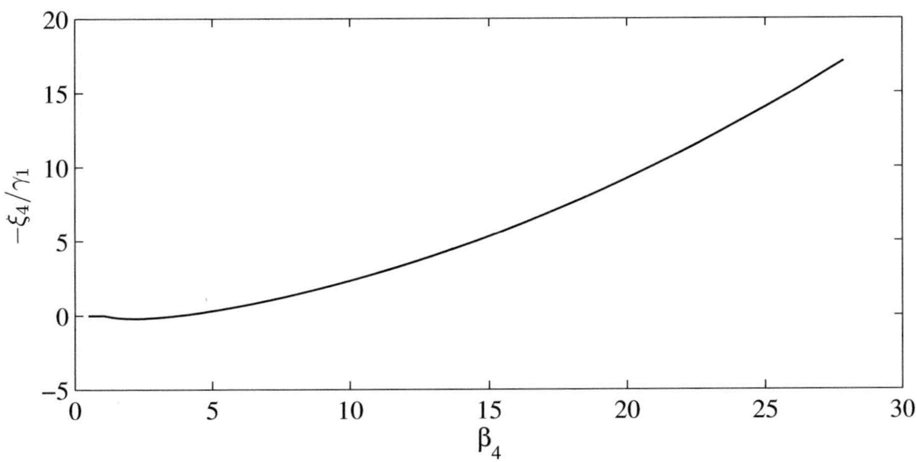

Bild 6.12: Darstellung der Funktion $-\frac{\xi_4}{\gamma_1}$

und kurzzeitig öffnet. Aus diesem Grund wird erwartet, dass der Maximalwert von β_4 in der Nähe von Eins bleibt.

In den Bildern 6.13 und 6.14 werden die Stabilitätskarten im Raum $\{\gamma_1, \beta_4\}$ für die Fälle A und B dargestellt. Die Linien verbinden die Punkte, wo die Stabilitätskriterien nach LIENARD und CHIPART Null sind. Falls das Vorzeichen eines Kriteriums immer positiv für die gewählten Parameterwerte bleibt, wird keine Linie abgebildet. Es ist leicht zu zeigen, dass der 4. Hauptminor die Grenzzyklen gibt. Die anderen Hauptminoren geben zusätzliche Informationen über die Stabilität. Eine detaillierte Analyse der Karte ist nicht notwendig. Grenzzyklen sind unerwünscht und die triviale Lösung soll stabil sein. Wir interessieren uns aus diesem Grund nur für einen relativ kleinen Teil der Stabilitätskarte.

Die linke blaue C-förmige Kurve stellt den ersten instabilen Grenzzyklus dar. Wenn die Anfangsbedingungen im Phasenraum so gewählt werden, dass man sich innerhalb des Ellipsoids befindet, welches diesen Grenzzyklus bestimmt, dann klingen die Schwingungen ab. Die gestrichelte horizontale Linie kennzeichnet die Grenze für maximalen Druck, die aus der Gleichung (6.32) bestimmt werden kann. Oberhalb dieser Grenze funktioniert das Ventil nicht mehr richtig. Außerdem, wenn β_4 unter 1.6 bleibt, dann ist der Näherungsfehler von (6.24) und (6.23) unter 19 % (Fall B).

Da Grenzzyklen vermieden werden sollen, soll γ_1 Werte im Intervall $]0; 4.3\ 10^{-2}]$ bzw. $]0; 0.11]$ bei kleiner ($D_2 = 0.01$) bzw. mäßiger ($D_2 = 0.2$) Dämpfung annehmen und β unter 2.2 bleiben (graues Rechteck). Das bedeutet, dass der Öffnungsquerschnitt pro Ventilhub mäßig sein soll (γ_1) und dass die Verformung der inversen Feder (β_4) auch nicht zu groß sein darf.

Diese Werte für γ_1 sind größer, als die Grenzen, die für das System bei der Nachstellung ermittelt worden sind. Es sollen die kleineren Werten gewählt werden, damit das System sich

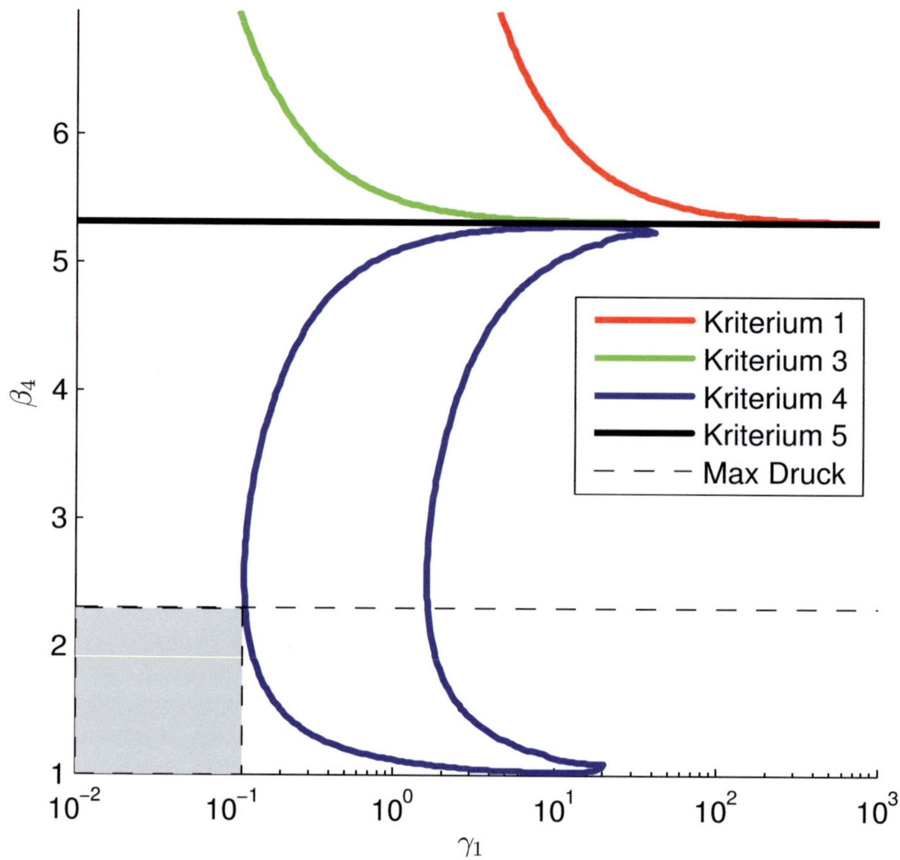

Bild 6.13: Stabilitätskarte für das System mit mäßiger Dämpfung (A)

bei allen Betriebspunkten stabil verhält. Die Parameter des Systems sind damit bestimmt und das System lässt sich jetzt bezüglich Sprungantwort und Isolation untersuchen.

Isolation

Solange das System sich im Isolierungsbereich befindet, sind die Steuerkanten geschlossen und es verhält sich wie ein rein passives System mit 2 Freiheitsgraden. Dieser Fall wurde im vorherigen Kapitel diskutiert. Daher kann alles verwendet werden, wenn folgende Beziehung berücksichtigt wird:

$$\kappa = \kappa_1 - \kappa_3 \tag{6.40}$$

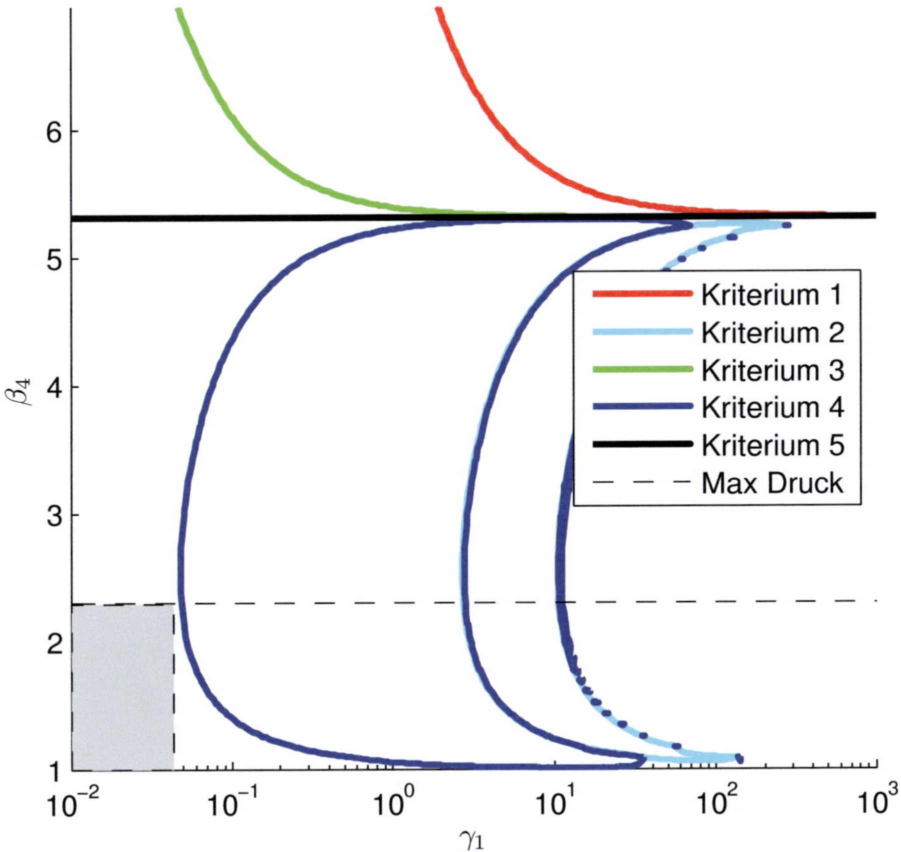

Bild 6.14: Stabilitätskarte für das System mit kleiner Dämpfung (B)

Vollständigkeitshalber werden hier die Gleichungen wiedergegeben:

$$
\begin{aligned}
\frac{1}{\mu}\phi_1'' + 2D_2\delta(\phi_1' - \phi_2') + \kappa(\phi_1 - \phi_2) = \sin\left(\frac{\omega}{\omega_2}\tau\right) \\
\phi_2'' - 2D_2\delta(\phi_1' - \phi_2') + 2D_2\phi_2' - \kappa(\phi_1 - \phi_2) + \phi_2 = 0
\end{aligned}
\tag{6.41}
$$

Bei einer Beschleunigungsfahrt wird das Mittelmoment ständig geändert. Aus diesem Grund soll der Aktor entsprechend nachstellen. Es stellt sich dann die Frage, ob die Isolie-

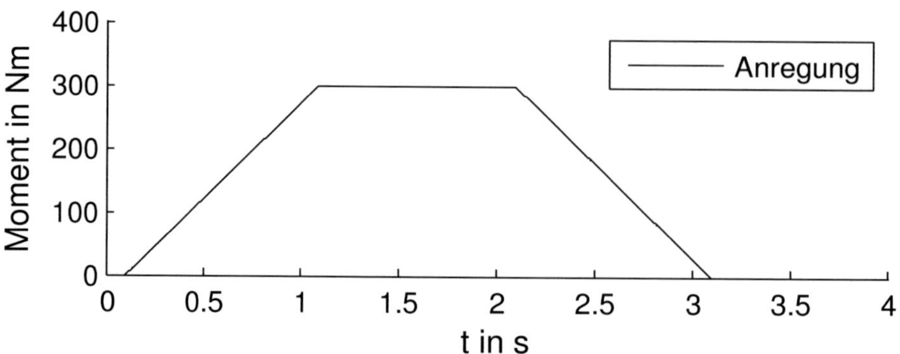

Bild 6.15: Mittelwert des Anregungsmoments über die Zeit

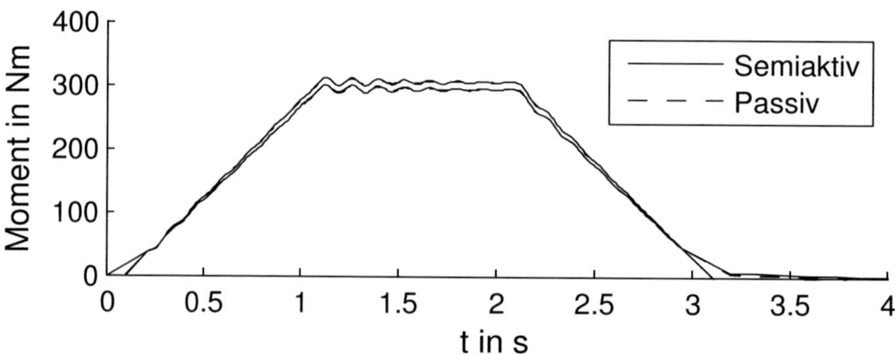

Bild 6.16: Hüllkurve des übertragenen Moment, Fall A

rung auch während der Nachstellphase gut genug bleibt. Zu diesem Zweck wird folgende Anregung betrachtet:

$$\begin{aligned} M\left(t\right) &= M_0 \frac{t}{t_0}\left(1+\sin\omega t\right) & t \in [0, t_0] \\ M\left(t\right) &= M_0\left(1+\sin\omega t\right) & t \in [t_0, t_1] \\ M\left(t\right) &= M_0 \frac{t_2 - t}{t_1 - t_2}\left(1+\sin\omega t\right) & t \in [t_1, t_2] \end{aligned} \tag{6.42}$$

Das Mittelmoment (Bild 6.15) wird mit einer Schwingung überlagert, deren Amplitude gleich dem Mittelmoment ist und deren Frequenz 419 Hz beträgt (entspricht 2000 U/min, 2. Ordnung). Damit ist die dimensionlose Frequenz Ω gleich 2, also in der Nähe der zweiten Resonanz, wie es in Bild 4.2 gut zu erkennen ist. Das semiaktive System wird mit dem passiven System verglichen. Die Parameter des passiven Systems werden so ausgewählt, dass sie die gleiche Isolierung gewährleisten. Es werden für die Bilder die Dämpfungswerte

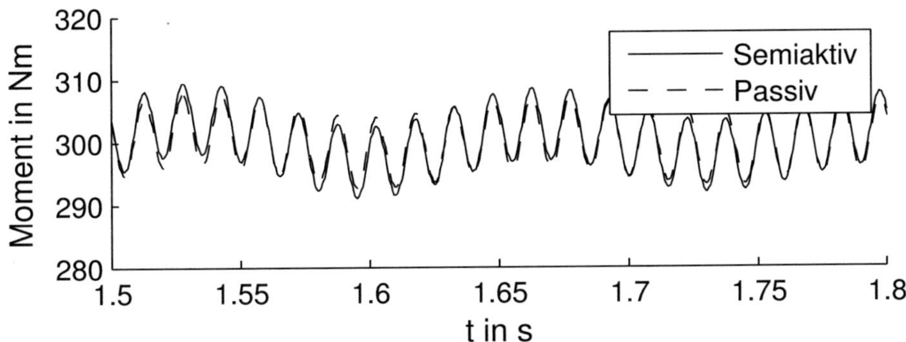

Bild 6.17: Zoom: übertragenes Moment, Fall A

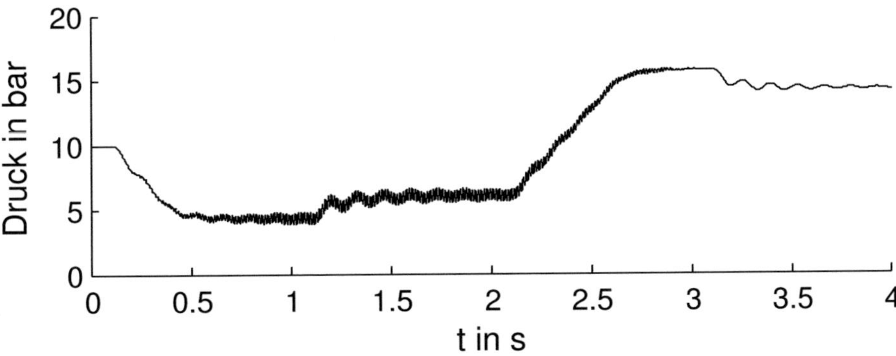

Bild 6.18: Druck im Aktor, Fall A

von Fall A gewählt. Die Ergebnisse für den Fall B sind sowohl qualitativ als auch quantitativ sehr nah zu den Ergebnissen vom Fall A und werden aus diesem Grund nur teilweise abgebildet.

Die Amplitude der Schwingungen der Trägheit J_2 und das übertragene Moment sind für das passive und das semiaktive System gleich, wie es in den Bildern 6.16 und 6.17 zu sehen ist. Dafür ist die Verformung des Isolators (Bild 6.20) viel größer beim passiven System. Die Verformung der inversen Feder (Bild 6.21) ist wie erwartet auf 4° begrenzt. Es kann auch festgestellt werden, dass bei diesem Parametersatz die Isolierung während der Nachstellphase gut bleibt.

Das semiaktive System verbraucht Energie bei der Nachstellung. Der Druck (Bild 6.18) wird an das mittlere Moment angepasst. Für den Fall B ist der relative Druck bei 1.1 Sekunden in der Nähe von Null. Es ist ein Hinweis darauf, dass das hydraulische System grenzwertig ausgelegt ist, wie es im nächsten Abschnitt detailliert erklärt wird.

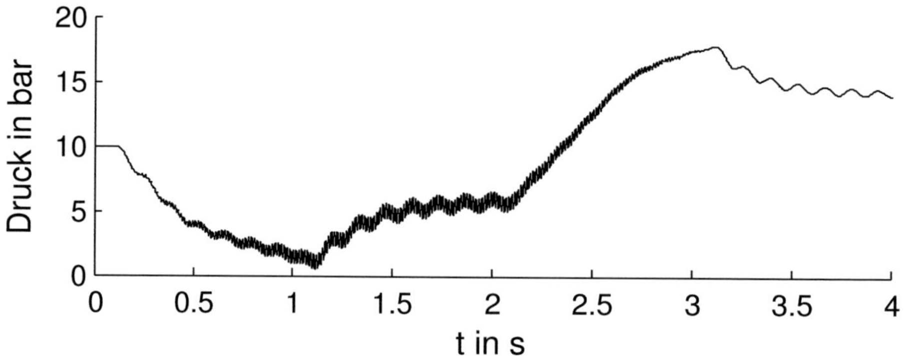

Bild 6.19: Druck im Aktor, Fall B

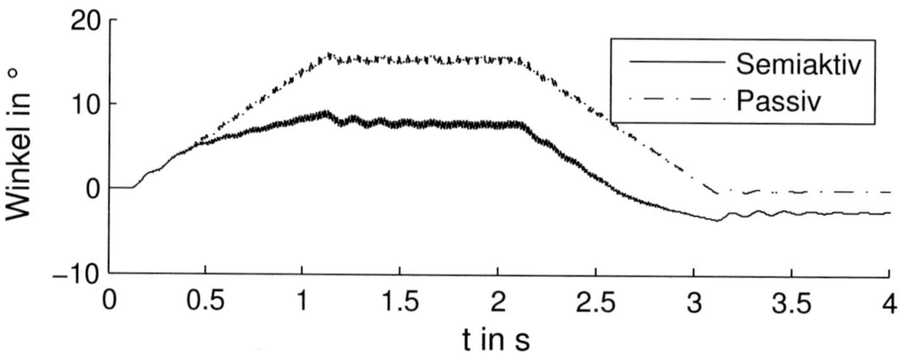

Bild 6.20: Verdrehung des Isolators, Fall A

Das Öl fließt durch die Steuerkanten in Tank- oder in Aktorrichtung (Bild 6.22). Der Volumenstrom, der in Richtung Tank fließt, wird als positiv betrachtet. Die verbrauchte hydraulische Leistung (Bild 6.23) beträgt 20W, was in Vergleich zur Motorleistung sehr gering ist.

Sprungantwort

Es kann aus (6.35) und (6.39) gefolgert werden, dass ξ_4 bzw. γ_1 eine Art Steifigkeit bildet, die versucht, die inverse Feder wieder aufrecht zu bringen, wenn sie sich zu viel verformt. Dabei wird γ_1 unterhalb einer gewissen Schwelle gewählt, um Grenzzyklen zu vermeiden. Folglich ist diese „Steifigkeit“ nach oben begrenzt. Da der Druck ϕ_5 proportional zu ϕ_4 ist (6.32), kann der Druck in ungünstigen Fällen den Tankdruck unterschreiten oder den Systemdruck überschreiten. Ab diesen Punkt funktioniert das System nicht mehr richtig

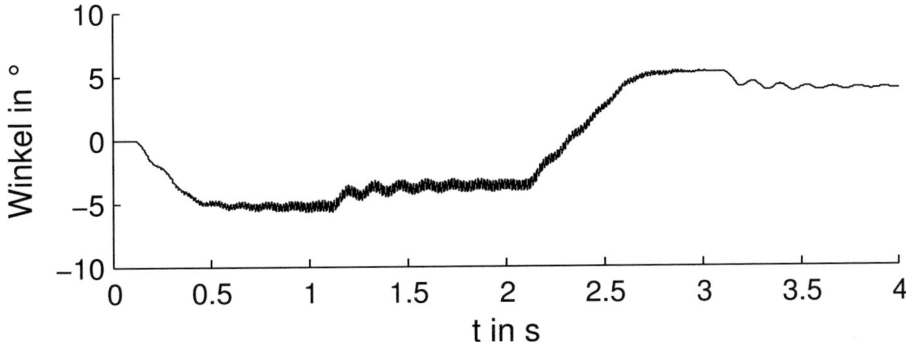

Bild 6.21: Verformung der inversen Feder, Fall A

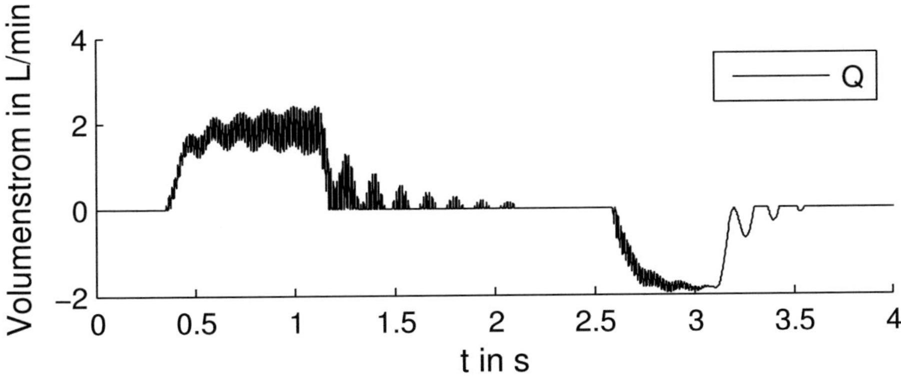

Bild 6.22: Volumenstrom, der in Richtung Aktor fliesst, Fall A

und die Zustandsgrößen steigen unbegrenzt mit der Zeit. Diese ungünstigen Fälle sind durch harte Anregung und niedrige Werte von γ_1 charakterisiert.

Das volle System (Gleichungen (6.17) bis (6.20)) wird simuliert. Die Anregung $F(\tau)$ auf die Drehträgheit der Substruktur A wird entweder als ein Sprung oder als eine Rampe modelliert (Siehe Bild 6.24). Die Antworten des Systems zu diesen zwei unterschiedlichen Anregungen werden in Bildern 6.25 und 6.26 dargestellt. Es werden der Druck und der Volumenstrom durch die Steuerkante zum Tank über der Zeit dargestellt.

Die Bilder zeigen eindeutig, dass die Anregung relativ schwach sein soll. Entweder soll der Sprung nicht allzu groß sein, oder die Steigung der Rampe soll klein genug sein. Sonst wird der Druck kleiner als der Tankdruck, der bei Null liegt. Das hat zur Folge, dass die Anregung schon bei der Auslegung des Systems relativ gut bekannt sein soll, um dieses Problem rechtzeitig zu erkennen.

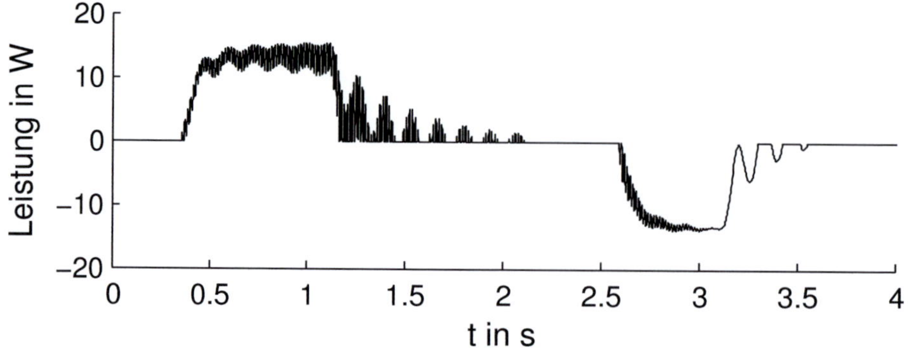

Bild 6.23: Hydraulische Leistung, Fall A

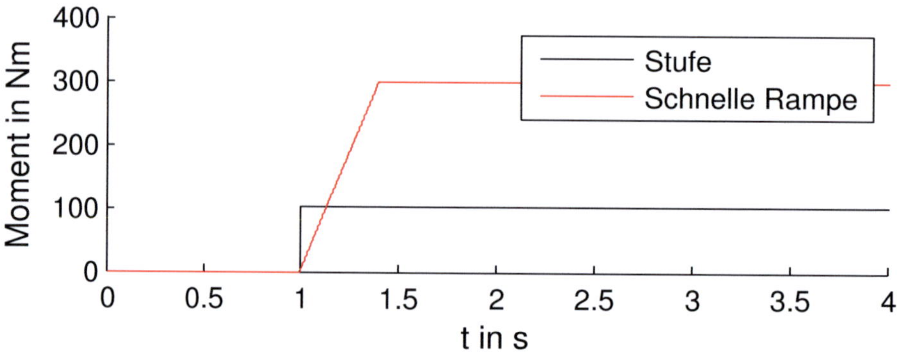

Bild 6.24: Anregung: Momentensprung oder schnelle Rampe, Fall A)

Semiaktive Lösungen werden eingesetzt, weil sie energiesparend sein sollen. In Bild 6.27 sind die Leistungen, die bei diesen Schaltvorgängen verbraucht werden, gezeigt. Die maximale Leistung beträgt 17 W. Das hydraulische semiaktive System ist energiesparend.

6.2.8 Fazit

Das semiaktive System mit einem hydraulischen Aktor wurde untersucht. Es beruht grundsätzlich auf einem passiven Isolator, der ausführlich im vorherigen Kapitel untersucht worden ist. Der Aktor soll nachstellen, um den langsamen Änderungen des Durchschnittsmoments folgen zu können. Dieser Nachstellmechanismus bringt neue Anforderungen mit sich.

Das Abklingen von den durch Anfangsbedingungen oder äußere Anregung verursachten Schwingungen erfolgt, wenn zwei Bedingungen erfüllt sind. (In diesem Sinn erfüllt dieses

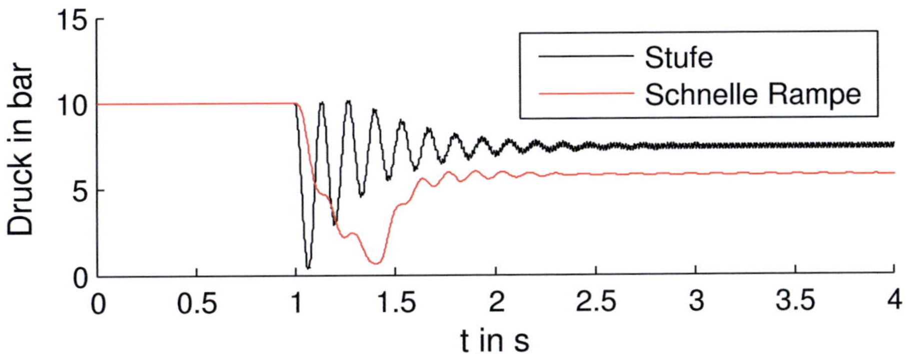

Bild 6.25: Druck im Aktor, Fall A)

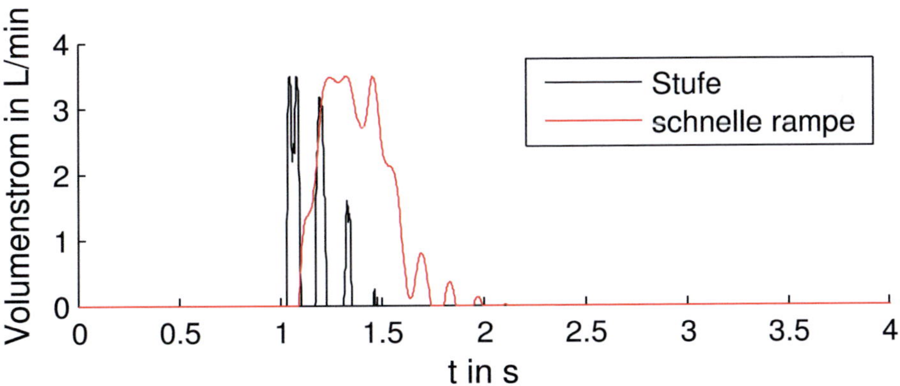

Bild 6.26: Volumenstrom, der aus dem Aktor fliesst

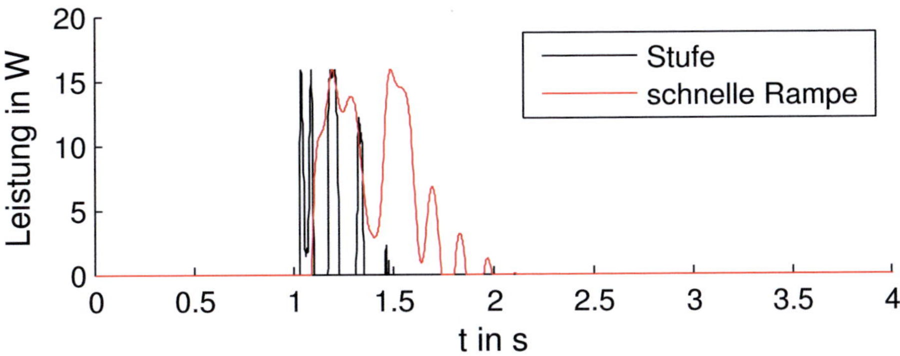

Bild 6.27: Hydraulische Verlustleistung über der Zeit

System die Definition eines semiaktiven Systems nicht vollständig: Der aktive Teil kann destabilisierend wirken).

Einerseits soll der Öffnungsquerschnitt pro Hub der Steuerkanten unter einer bestimmten Schwelle bleiben, damit das System nicht zu einem Grenzzyklus neigen kann. Diese Schwelle wurde mit einer harmonischen Linearisierung des Systems bestimmt.

Andererseits sollen die Anfangsbedingungen oder die Anregung nicht dazu führen, dass der Druck nicht den Tankdruck unterschreitet bzw. Systemdruck überschreitet. Aus diesem Grund soll die Anregung im Voraus bekannt sein, um das System entsprechend dimensionieren zu können. Das vorgeschlagene System soll von der Motorsteuerungsstrategie berücksichtigt werden.

7 Das steuerbare Fliehkraftpendel

In diesem Kapitel wird ein semiaktives Fliehkraftpendel vorgeschlagen. Das passive Fliehkraftpendel ist auf eine Ordnung abgestimmt. Die Hauptfrequenz der Momentenungleichförmigkeiten ist in der Regel proportional zur mittleren Drehzahl, wobei der Proportionalitätsfaktor Ordnung genannt wird.

Falls die Anregung periodisch aber nicht mehr harmonisch ist, dann kann es vorkommen, dass weitere Ordnungen getilgt werden sollen. Dafür können entweder mehrere Tilger eingesetzt werden, mit dem Nachteil, dass der zur Verfügung stehende Bauraum auf alle Pendel verteilt wird. Damit wird jedes einzelne Pendel leichter und dadurch weniger wirksam. Stattdessen könnte die Ordnung je nach Bedarf während des Betriebs gewählt werden. Der Vorteil ist offensichtlich der, dass die gesamte Masse auf die nötige Ordnung abgestimmt werden kann.

Ein Bild einer typischen Momentenverlauf eines Vier-Zylinder Verbrennungsmotors kann zum Beispiel im LuK-Kolloquium-Buch [76] gefunden werden. Dieser Verlauf kann durch folgende Gleichung gut genug nachgebildet werden.

$$M = M_0 \left(\sin(2\omega t) + \frac{1}{2} \sin(4\omega t) \right) \tag{7.1}$$

Die Güte der Isolierung des steuerbaren Fliehkraftpendels wird untersucht. Verschiedene Schaltstrategien werden vorgeschlagen, um von einer Ordnung zu einem anderen zu wechseln. Dabei wird auf Energiebedarf und Überschwinger fokussiert. Die Sprungantwort wird auch bewertet.

7.1 Prinzip des Fliehkraftpendels

Das Fliehraftpendel ist ein Tilger, dessen Steifigkeit sich proportional zu dem Quadrat der mittleren Drehzahl automatisch anpasst. Damit wird erreicht, dass die Tilgerfrequenz zur mittleren Drehzahl immer proportional bleibt. Da die Anregungsfrequenz in der Regel Drehzahlproportional ist, wobei der Proportionalitätsfaktor Ordnung genannt wird, kann mit dem Fliehkraftpendel nicht nur eine Frequenz sondern eine ganze Ordnung getilgt werden.

Die klassische Ausführung des Fliehkraftpendels ist in Bild 7.1 veranschaulicht. Es wird angenommen, dass die Trägheit J_M mit Drehzahl ω dreht und dass der Winkel vom Pendel

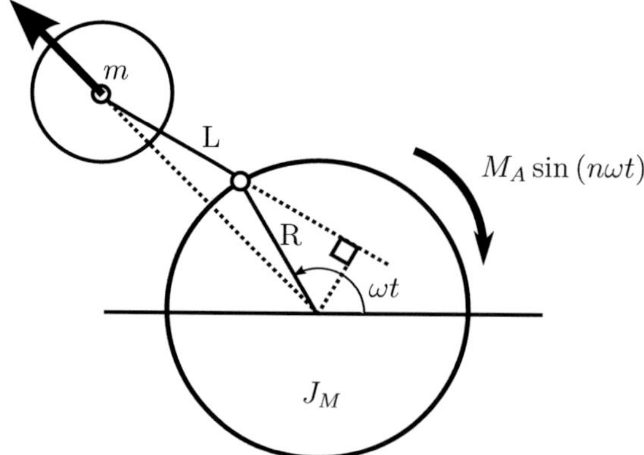

Bild 7.1: Prinzip des Fliehkraftpendels

relativ zur Hauptmasse klein ist. Es gibt eine harmonische Momentanregung, deren Kreisfrequenz $n\omega$ beträgt. Das Verhältnis vom Aufhängungsradius R zur Pendellänge L beträgt n_T. ω kann erst dann konstant bleiben, wenn die Summe der äußeren Momente Null ist. Das ist gerade der Fall, wenn n_T und n identisch sind. In diesem Fall schwingt das Pendel so, dass es wegen seiner Bewegung ein Moment auf die Hautptträgheit ausübt, welches die Anregung exakt kompensiert.

7.2 Konstruktion des steuerbaren Fliehkraftpendels

Eine gute Konstruktion eines Fliehkraftpendels sollte drei Fakten berücksichtigen. Einerseits ist der Bauraum begrenzt. Die Pendelmasse soll so groß wie möglich ausgelegt werden, damit die Bewegungsamplitude des Pendels zulässig klein bleibt. Aus diesem Grund werden oft bifilare Pendel verwendet. Andererseits ist die kreisförmige Bewegung des Pendels nicht optimal, weil die Tilgerordnung von der Schwingungsamplitude abhängt. Statt Kreisbewegung wird zum Beispiel eine Zykloide im Patent US4218187 [54] oder eine Epizykloide vorgeschlagen. Zum Schluss sollten so wenige unterschiedliche Pendel wie möglich für dieselbe Ordnung benutzt werden. Ansonsten können Synchronisierungsprobleme, insbesondere bei großen Schwingamplituden entstehen. Die Stabilität der Synchronisierung von mehreren Fliehkraftpendeln wird zum Beispiel von Shaw in [2] analytisch untersucht. Messergebnisse zum Verhalten von Fliehkraftpendeln mit unterschiedlichen Laufbahnen sind in [63] zu finden.

Aus den ersten und letzen Anforderungen ist klar, dass eine einzige Scheibe vorteilhaft wäre. Aus der zweiten Überlegung ist klar, dass eine kompliziertere Kinematik als eine Kreisbewegung gewünscht ist.

Aus einer Kooperation mit Herrn Kremer und Triller ist eine Konstruktion entstanden, die diese Merkmale berücksichtigt [33].

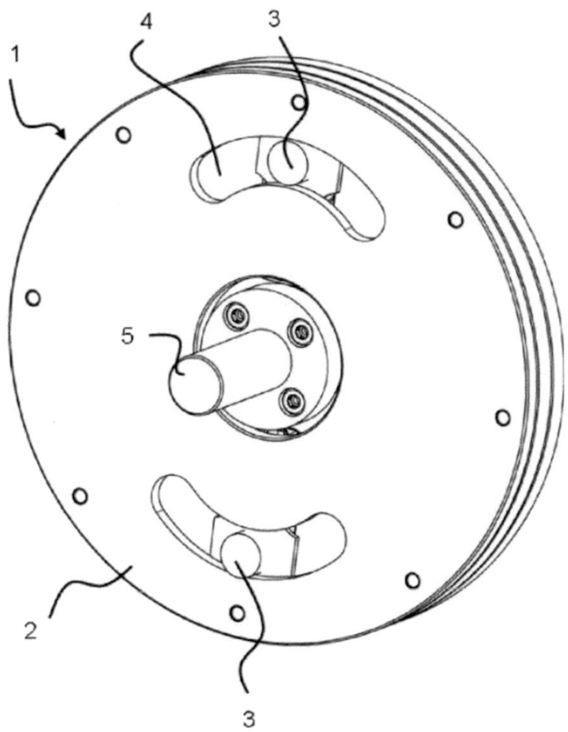

Bild 7.2: Gesamtansicht des steuerbaren Tilgers

Nummer	Beschreibung
1	Tilger
2	Pendelschwungrad
3	bewegliche Rolleinheit
4	Schwungrad
5	Abtriebswelle
10	Führungsnut des Schwungrades (4) für die Rolle (3)
11	Feder
13	Verschiebbarer Kolben

Tabelle 7.1: Abkürzungen

In die Bilder 7.2 und 7.3 wird eine Gesamtansicht der Konstruktion dargestellt. In der Tabelle 7.1 werden die Abkürzungen erläutert.

Der Tilger (1) besteht aus einem Schwungrad (4), einem Pendelschwungrad (2) und mindestens zwei steuerbar beweglichen Rollen (3). Das Schwungrad (4) ist fest mit der Antriebs-

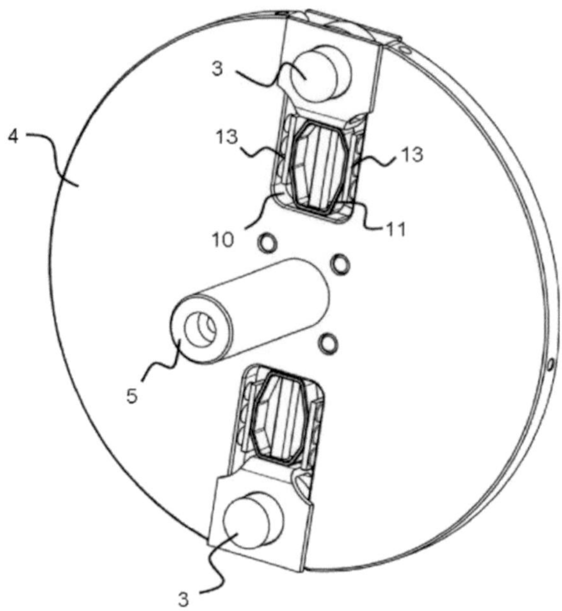

Bild 7.3: Ansicht ohne Pendelschwungrad

welle (5) verbunden. Es wird eine Führungsnut (10) vorgesehen, in der die Rollen (3) sich radial bewegen dürfen. Das Pendelschwungrad (2) ist auf der Antriebswelle (5) gelagert. Es wird eine Rollbahn für die Rollen (3) vorgesehen. Die Rollen (3) werden von der Fliehkraft gegen die Bahn gepresst und stützen sich gleichzeitig seitlich gegen die Führungsnut ab. Es enstehen dadurch Reaktionskräfte bzw. Momente, die das Pendelschwungrad mit dem Schwungrad (bzw. der Antriebswelle) verbinden.

Die Kolben können von einem hydraulischen Kreis (nicht dargestellt) betätigt werden. Die Federn (11) wandeln die tangentiale Kolbenkraft in eine Axialkraft um, die wie eine zusätzliche Fliehkraft wirkt.

7.3 Mathematisches Modell des Systems

7.3.1 Schematische Darstellung

In Bild 7.4 wird das System schematisch dargestellt. Die Bedeutung der Parameter wird in der Tabelle 7.2 zusammengefasst.

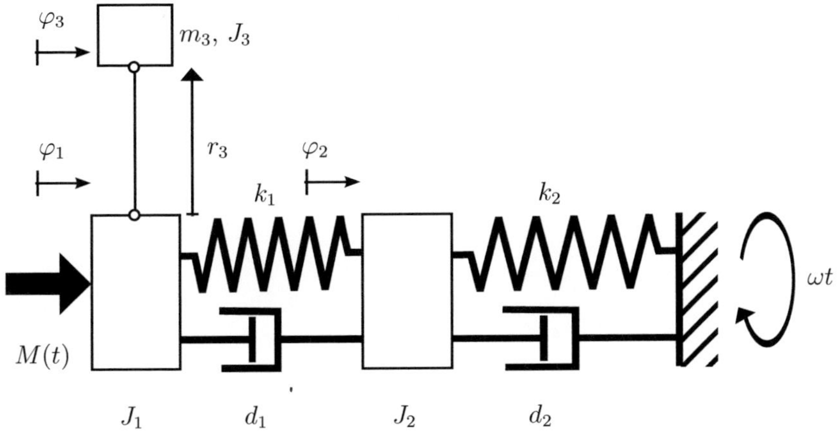

Bild 7.4: Reduziertes Modell, gedämpft

Symbol	Einheit	Bezeichnung	Wert
φ_1	rad	Drehwinkel von J_1	
φ_2	rad	Drehwinkel von J_2	
φ_3	rad	Drehwinkel von J_3	
r_3	mm	Abstand Rolleinheit (3) zur Drehachse	150
$M(t)$	Nm	Anregung	300
ω	rad/s	Motordrehzahl	80-740
J_1	kg.m^2	Trägheit Substruktur A und Schwungrad(4)	0.26
J_2	kg.m^2	Trägheit Substruktur B	0.0269
J_3	kg.m^2	Trägheit Pendelschwungrad (2)	0.026
m_3	kg	Masse Rolleinheit (3)	1
k_1	Nm/rad	Steifigkeit zwischen J_1 und J_2	3200
k_2	Nm/rad	Steifigkeit Substruktur B	1234
d_1	Nm.s/rad	Dämpfung zwischen J_1 und J_2	0.119
d_2	Nm.s/rad	Dämpfung Substruktur B	0.119
F_S	N	Steuerkraft, wirkt auf J_1 und J_3	

Tabelle 7.2: Erläuterung der Abkürzungen

7.3.2 Bewegungsgleichungen

Es wird angenommen, dass der Antriebsstrang im Durchschnitt mit konstanter Drehzahl ω rotiert. Die Zustandsgrößen des Systems werden als Abweichungen von der durschnittlichen Bewegung definiert. Die Lagrange-Funktion L lautet:

$$T = \frac{1}{2}J_1(\omega + \dot{\varphi}_1)^2 + \frac{1}{2}J_2(\omega + \dot{\varphi}_2)^2 + \frac{1}{2}J_3(\omega + \dot{\varphi}_3)^2 + \frac{1}{2}m_3 v_3^2 \tag{7.2}$$

$$U = \frac{1}{2}k_1(\varphi_1 - \varphi_2)^2 + \frac{1}{2}k_2\varphi_2^2 \tag{7.3}$$

$$L = T - U \tag{7.4}$$

Die Geschwindigkeit der Masse m_3 ist eine Funktion der Geometrie der Laufbahn. Wenn r_3 der Abstand der Masse zur Drehachse ist, gilt:

$$v_3^2 = \dot{r_3}^2 + (\omega + \dot{\varphi}_1)^2 r_3^2 \tag{7.5}$$

r_3 ist eine Funktion des Winkelunterschiedes $\varphi = \varphi_3 - \varphi_1$, die später definiert wird. Die obige Formel kann entsprechend modifiziert werden.

$$v_3^2 = \left(\frac{\partial r_3}{\partial \varphi}\right)^2 (\dot{\varphi}_3 - \dot{\varphi}_1)^2 + r_3^2(\omega + \dot{\varphi}_1)^2 \tag{7.6}$$

Die virtuelle Arbeit der äußeren Kräfte lautet:

$$\delta W = Q_1\delta\varphi_1 + Q_2\delta\varphi_2 + Q_3\delta\varphi_3 \tag{7.7}$$

$$\begin{bmatrix} Q_1 \\ Q_2 \\ Q_3 \end{bmatrix} = \begin{bmatrix} -d_1(\dot{\varphi}_1 - \dot{\varphi}_2) - F_S\frac{\partial r_3}{\partial \varphi} + M(t) \\ d_1(\dot{\varphi}_1 - \dot{\varphi}_2) - d_2\dot{\varphi}_2 \\ F_S\frac{\partial r_3}{\partial \varphi} \end{bmatrix} \tag{7.8}$$

Die äußere Anregung $M(t)$ wird durch Gleichung (7.9) bestimmt.

$$M(t) = \begin{cases} M^- = & M_0(-1 + \sin(2\omega t) + \frac{1}{2}\sin(4\omega t)) \quad \text{wenn } t \leq t_0 \\ M^+ = & M_0(\sin(2\omega t) + \frac{1}{2}\sin(4\omega t)) \quad \text{wenn } t > t_0 \end{cases} \tag{7.9}$$

t_0 ist die Zeit, bei der sich das Mittelmoment sich sprungartig ändert. Damit kann ein Lastwechsel nachgebildet werden.

Die Rollbahn wird so gewählt, dass der Tilger auf Ordnung n_T der Motoranregung abgestimmt wird, wenn die Steuerkraft Null ist. Es wird außerdem angenommen, dass die Winkel und Geschwindigkeiten klein sind. In diesem Fall kann r_3, der Abstand der Masse m_3 zur Drehachse, mit Hilfe der Störungsrechnung bestimmt werden. Es wird angenommmen, dass

$$r_3 = R_3\left(1 + \rho(\phi_3 - \phi_1)\right), \quad \rho \ll 1 \tag{7.10}$$

ρ ist eine Funktion des Winkelunterschieds zwischen der Hauptmasse und dem Träger. Diese Gleichung wird in den linearisierten Bewegungsgleichungen ohne Dämpfung eingesetzt. Eine harmonischen Anregung mit Ordnung n_T soll perfekt getilgt wird, was für ein System ohne Dämpfung möglich ist. Es ergibt sich dann die folgende Gleichung für die Bahngeometrie:

$$r_3 = R_3 \left(1 - \frac{n_T^2 J_3}{2m_3 R_3^2}(\varphi_3 - \varphi_1)^2\right) \tag{7.11}$$

Die Bewegungsgleichungen des Systems lassen sich nun mit dem Lagrange-Formalismus herleiten. Sie werden bezüglich der Zustandsgrößen linearisiert.

$$\begin{aligned}
\left(J_1 + m_3 R_3^2\right)\ddot{\varphi}_1 + d_1(\dot{\varphi}_1 - \dot{\varphi}_2) + k_1(\varphi_1 - \varphi_2) + \\
n_T^2 \omega^2 J_3 \left(1 + \frac{F_S}{\omega^2 R_3 m_3}\right)(\varphi_1 - \varphi_3) = M(t) \\
J_2 \ddot{\varphi}_2 - d_1(\dot{\varphi}_1 - \dot{\varphi}_2) + d_2 \dot{\varphi}_2 - k_1(\varphi_1 - \varphi_2) + k_2 \varphi_2 = 0 \\
J_3 \ddot{\varphi}_3 + n_T^2 \omega^2 J_3 \left(1 + \frac{F_S}{\omega^2 R_3 m_3}\right)(\varphi_3 - \varphi_1) = 0
\end{aligned} \tag{7.12}$$

Anhand dieser Gleichung wird im Abschnitt 7.4.1 verifiziert werden, dass die gewählte Laufbahngeometrie eine ideale Tilgung einer Anregungsordnung bei ausgeschalteter Steuerkraft gewährleisten kann. Es kann auch festgestellt werden, dass F_S die Rolle einer zusätzlicher Trägheit übernimmt. Aus diesem Grund kann die Tilgerordnung mit hilfe von F_S angepasst werden.

7.3.3 Statische Lösung

Es wird angenommen, dass die Regelung ausgeschaltet wird ($F_S = 0$). Das Anregungsmoment $M(t)$ wird zunächst als konstant betrachtet ($M(t) = M_0$). Die statische Lösung des Systems lautet:

$$\begin{bmatrix} \overline{\varphi_1} \\ \overline{\varphi_2} \\ \overline{\varphi_3} \end{bmatrix} = \frac{M_0}{k_2} \begin{bmatrix} 1 + \frac{k_2}{k_1} \\ 1 \\ 1 \end{bmatrix} \tag{7.13}$$

Diese Lösung dient als Basis für das Umschreiben der Gleichungen in eine dimensionslose Form.

7.3.4 Dimensionslose Gleichungen

Die Gleichungen lassen sich in dimensionslose Form mit den folgenden Abkürzungen bringen.

$$
\begin{aligned}
\mu_1 &= \frac{J_2}{J_1 + m_3 R_3^2} & \mu_3 &= \frac{J_3}{J_2} & \omega_2^2 &= \frac{k_2}{J_2} \\
D_2 &= \frac{d_2}{2 J_2 \omega_2} & \delta &= \frac{d_1}{d_2} & t &= \frac{\tau}{\omega_2} \\
\kappa_1 &= \frac{k_1}{k_2} & S &= \frac{F_S}{\omega^2 R_3 m_3} & M(\tau) &= M_0 F(\tau) \\
\phi_1 &= \frac{\varphi_1 - \overline{\varphi_1}}{\overline{\varphi_2}} & \phi_2 &= \frac{\varphi_2 - \overline{\varphi_2}}{\overline{\varphi_2}} & \phi_3 &= \frac{\varphi_3 - \overline{\varphi_3}}{\overline{\varphi_3}}
\end{aligned}
$$

$$
\begin{aligned}
\frac{1}{\mu_1}\phi_1'' + 2D_2\delta(\phi_1' - \phi_2') + \kappa_1(\phi_1 - \phi_2) + {}& \\
n_T^2\Omega^2\mu_3\,(1+S)\,(\phi_1 - \phi_3) &= F \\
\phi_2'' - 2D_2\delta(\phi_1' - \phi_2') + 2D_2\phi_2' - \kappa_1(\phi_1 - \phi_2) + \phi_2 &= 0 \\
\mu_3\phi_3'' + n_T^2\Omega^2\mu_3\,(1+S)\,(\phi_3 - \phi_1) &= 0
\end{aligned}
\tag{7.14}
$$

Die Anregung $F(\tau)$ wird in Gleichung (7.15) definiert. Bei der Schaltzeit $\tau = \tau_0$ wird das Moment sprungartig geändert.

$$
F(\tau) = \begin{cases} F^- = & -1 + \sin(2\Omega\tau) + \frac{1}{2}\sin(4\Omega\tau) \quad \text{wenn } \tau \le \tau_0 \\ F^+ = & \sin(2\Omega\tau) + \frac{1}{2}\sin(4\Omega\tau) \quad \text{wenn } \tau > \tau_0 \end{cases}
\tag{7.15}
$$

7.4 Leistung des passiven Fliehkraftpendels

Zunächst wird das passive System bezüglich Isolationsgüte und Verhalten beim Lastwechsel untersucht. Um die Auswertung der Ergebnisse zu vereinfachen, wird die generalisierte Amplitude eines periodischen Zeitsignals definiert. Sei $x(\tau)$ eine periodische skalare Größe mit Periode $\frac{2\pi}{n\Omega}$.

$$
\langle x \rangle = \sqrt{2}\sqrt{\frac{n\Omega}{2\pi}\int_0^{\frac{2\pi}{n\Omega}} x^2 \mathrm{d}\tau}
\tag{7.16}
$$

Die generalisierte Amplitude wird in (7.16) definiert. Wenn x harmonisch ist, dann ist $\langle x \rangle$ die Amplitude von $x(\tau)$.

Die Gleichung (7.14) wird bei $n_T = 2$ und $S = 0$ verwendet. Damit wird das Pendel auf die zweite Ordnung abgestimmt und die Steuerung ausgeschaltet. Infolgedessen sind die Gleichungen linear und das Superpositionsprinzip gilt.

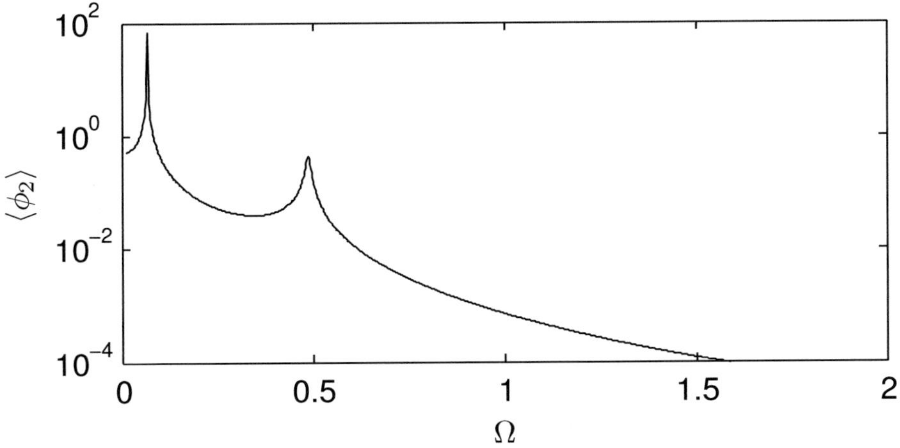

Bild 7.5: $\langle \phi_2 \rangle$ bei unterschiedlichen Motordrehzahlen

7.4.1 Isolation

Die stationäre Lösung von den Gleichungen (7.14), wobei die Anregung auf $F = \sin(2\Omega\tau)$ beschränkt worden ist, ist bemerkenswert. Die Anregung wird durch die Beschleunigung vom Pendel kompensiert. Für die zweite Ordnung ist die Isolation perfekt.

$$\begin{bmatrix} \phi_1 \\ \phi_2 \\ \phi_3 \end{bmatrix} = \begin{bmatrix} 0 \\ 0 \\ -\frac{1}{4\Omega^2\mu_3}\sin(2\Omega\tau) \end{bmatrix} \tag{7.17}$$

Die stationären Schwingungen im System kommen also ausschließlich vom Anregungsterm mit vierten Ordnung. Die Amplitude dieser Schwingungen variiert mit Motordrehzahl Ω. In Bild 7.5 ist die Amplitude von ϕ_2 über der Motordrehzahl dargestellt. Es gibt zwei Resonanzspitzen, die von der Anregung vierter Ordnung verursacht werden.

Mit Hilfe des Campbelldiagramms von Bild 7.6 kann dieses Verhalten leicht illustriert werden. Die grauen Linien zeigen den Verlauf der Eigenfrequenzen in Abhängigkeit der Motordrehzahl. Die schwarzen Linien sind die zweite und die vierte Motorordnung. Bei jeder Motordrehzahl gibt es drei Eigenfrequenzen. Sie ändern sich aber mit Motordrehzahl so, dass die Anregung mit vierter Ordnung nur zwei davon treffen kann. Die Schnittpunkte liegen bei $\Omega = 0.07$ bzw. $\Omega = 0.49$.

7.4.2 Lastwechsel

Bei $\tau_0 = 20$ Zeiteinheiten wird das Mittelmoment sprungartig geändert. In Bild 7.7 ist das Wunschverhalten für ϕ_2 dargestellt. Diese Lösung wird ϕ_{2S} genannt. Die reale

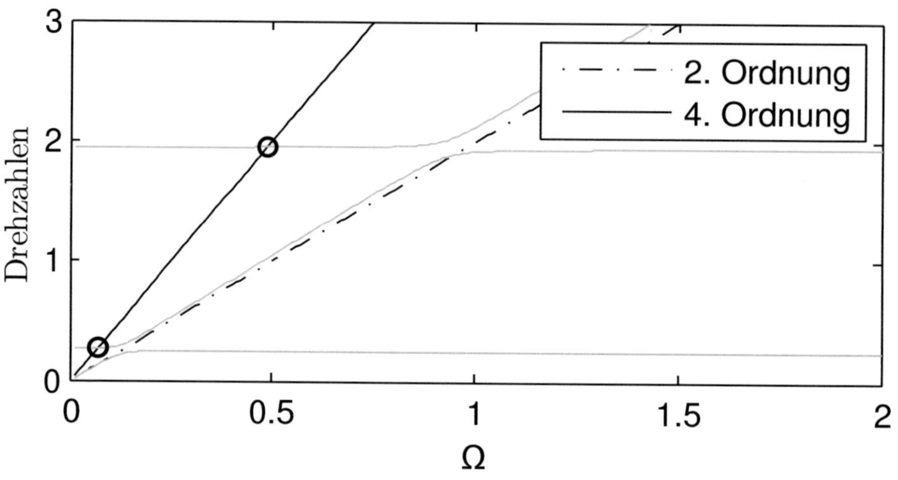

Bild 7.6: Campbell-Diagramm

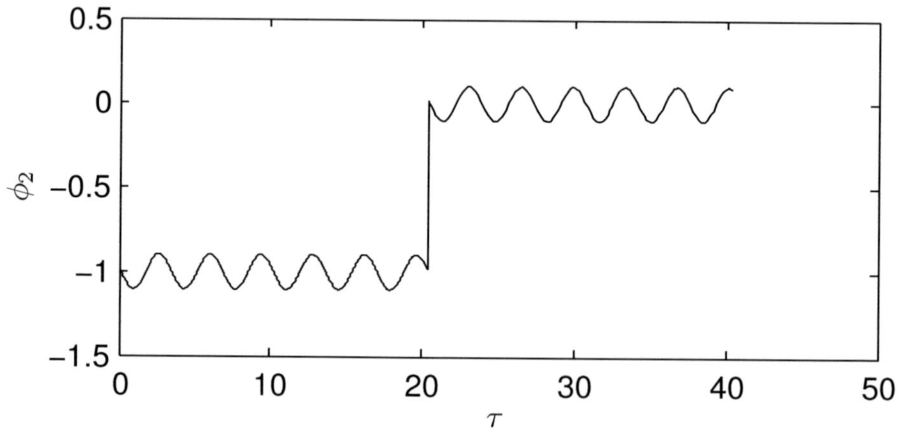

Bild 7.7: Idealer Verlauf von ϕ_2 bei einem Sprung vom Mittelmoment

Spungantwort wird in Bild 7.8 veranschaulicht. Es gibt sehr große Überschwinger, die langsam abklingen.

Die Abweichung Δ wird durch Gleichung (7.18) bestimmt.

$$\Delta = \frac{\phi_2 - \langle \phi_{2S} \rangle}{\langle \phi_{2S} \rangle} \tag{7.18}$$

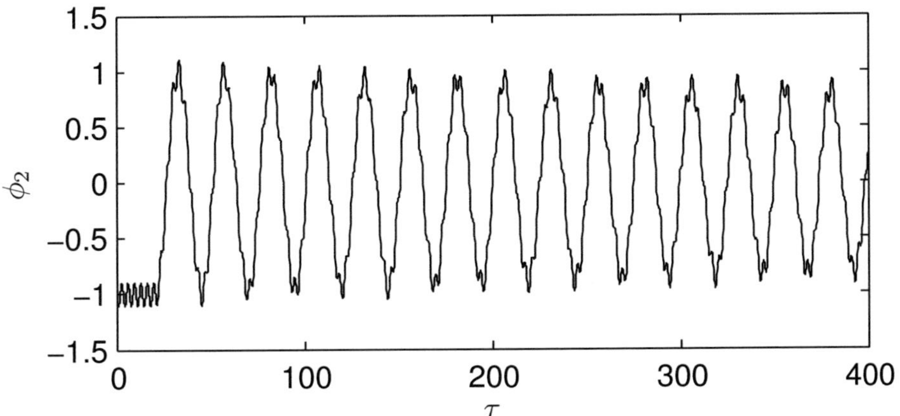

Bild 7.8: ϕ_2 beim Lastwechsel

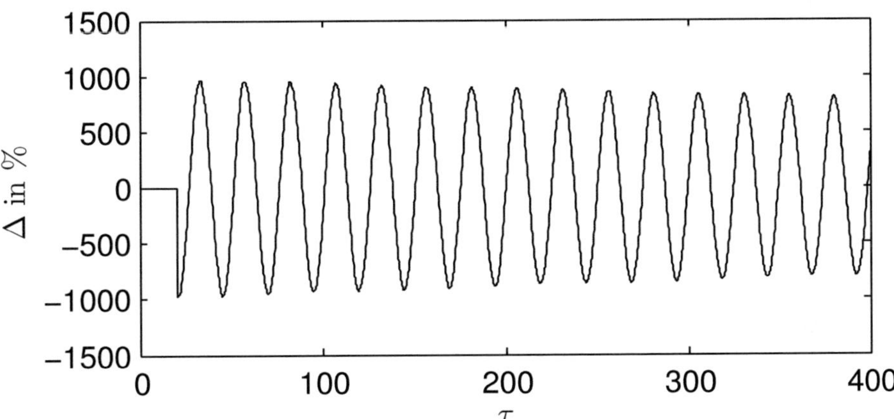

Bild 7.9: ϕ_2 beim Lastwechsel

Sie ist in Bild 7.9 über der Zeit dargestellt. Die Amplitude der Überschwinger ist zehn Mal größer als die Amplituden der von der Anregung vierter Ordnung verursachten Schwingungen.

Die Sprungantwort des Systems ist schlecht. Das Fliehkraftpendel alleine ist nicht in der Lage, diese Aufgabe zu lösen. Aus diesem Grund soll das Fliehkraftpendel mit einem klassischen Isolator kombiniert werden. FIDLIN und SEEBACHER [19] haben gezeigt, dass das ungesteuerte Fliehkraftpendel die Isolation verbessert und das Lastwechselverhalten nicht beeinflusst.

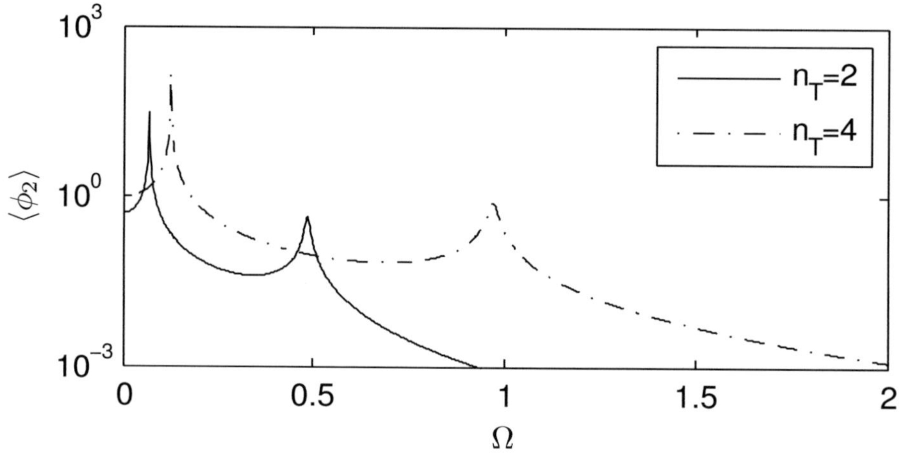

Bild 7.10: $\langle \phi_2 \rangle$ bei unterschiedlicher Tilgerordnung

7.5 Isolationsgüte des steuerbaren Fliehkraftpendels

Im vorherigen Abschnitt wurde gezeigt, dass wenn die Pendelordnung auf die Anregungsordnung abgestimmt wird, dann wird sie komplett gelöscht. Es stellt sich die Frage, ob die Isolation noch verbessert werden kann.

7.5.1 Bedarf an Schaltung der Ordnung

Die Änderung der Tilgerordnung kann in mindenstens zwei Fällen sinvoll sein. Der erste Fall ist eine Folge des Trends zur Reduktion des Spritverbrauchs. Es werden einige Fahrzeuge produziert, dessen Motorregelung manche Zylinder bei niedrigem Lastniveau ausschaltet [15]. Infolgedessen ändert sich die Anregungshauptordnung, die bei Viertaktern bei der Hälfte der Zylinderanzahl liegt. Es wäre von Vorteil, wenn das Fliehkraftpendel sich an die gewünschte Ordnung anpassen könnte und die Überschwinger, die beim Schaltvorgang auftreten werden, bekämpfen würde.

Der zweite Fall taucht auf, wenn die Dämpfung im System sehr klein ist. In diesem Fall können je nach Motordrehzahl die eine oder die andere Ordnung eine Resonanz hervorrufen. Dieser Fall wird hier untersucht.

Die stationäre Lösung der Gleichungen (7.14) mit $F = F^+$ mit Tilgerordnung $n_T = n_A = 2$ bzw. $n_T = n_B = 4$ bei ausgeschalteter Steuerung ist in Bild 7.10 dargestellt. Wenn Ω in der Nähe von 0.5 und die Tilgerordnung bei 2 liegt, dann wird eine Resonanz von der vierten Motorordnung angeregt. Es wäre in diesem Bereich vom Vorteil, die Tilgerordnung auf 4

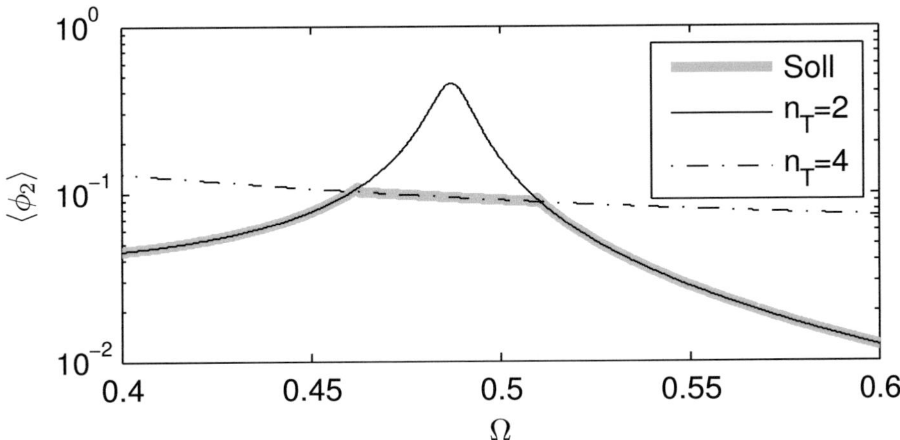

Bild 7.11: $\langle \phi_2 \rangle$ bei unterschiedlicher Tilgerordnung

zu verschieben. Bild 7.11 ist ein Zoom vom Bild 7.10. Der Wunschverlauf der Amplitude über die Frequenz ist mit der dicken grauen Linie hervorgehoben.

Es wird ab hier angenommen, dass die Motordrehzal Ω den Wert 0.4724 hat. Bei dieser Frequenz ist die Amplitude von ϕ_2 bei Lösung A und Lösung B gleich.

Um die Gleichungen in einen günstigen Zustand für die Entwicklung einer Regelung zu bringen, kann S folgenderweise umgeschrieben werden. Dabei ist u die Steuerungsgröße.

$$S_0 = \frac{n_B^2}{n_A^2} - 1 \tag{7.19}$$

$$S = (1 + u)S_0 \tag{7.20}$$

Der erste Anteil der Kraft S ist konstant. Da r_3 um Null fast symmetrisch schwingt, wird erwartet, dass die geleistete Arbeit dieses konstanten Anteils klein ist. Diese konstante Kraft könnte von einer vorgespannte Einrichtung mit sehr schwacher lokaler Steifigkeit zur Verfügung gestellt werden. Da die Ordnung und damit die Vorspannungskraft gegeben sind, bietet es sich an, die Feder (11) aus Bild 7.3 mit der Kennlinie aus Bild 7.12 vorzusehen. Die Arbeit, die geleistet werden soll, dient zur Vorspannung der Feder, um das Kraftniveau zu erreichen, bei der die Steifigkeit gering wird. Sie hängt nur von der konkreten Gestaltung der Federkennlinie ab und wird aus diesem Grund nicht berücksichtigt.

Es wird in den nächsten Abschnitten trotzdem die Leistung berechnet, die von der Feder abgefangen wird, um eine Vergleichsbasis zu haben. Es wird damit bestimmt, welche Leistung den Aktor bringen sollte, falls er die Rolle der Feder übernehmen sollte.

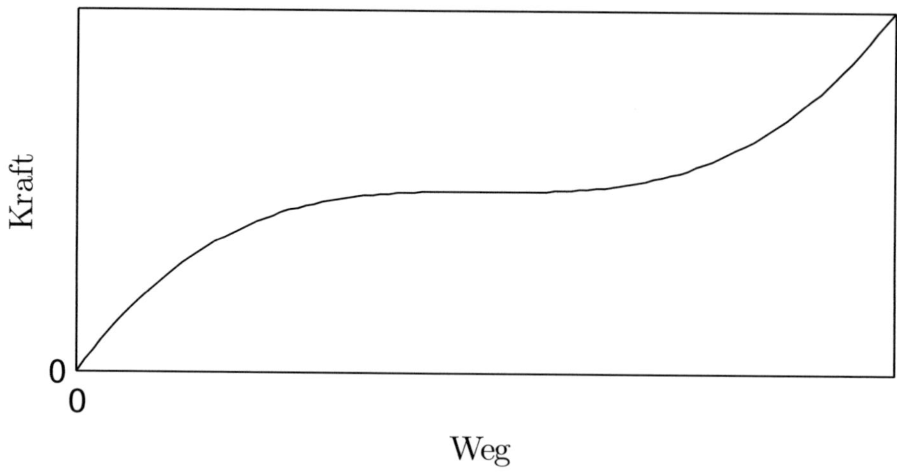

Bild 7.12: Kennlinie einer Feder mit lokaler Null-Steifigkeit

Der zweite Anteil von S ist proportional zu der Steuerungsgröße u. Dafür soll unbedingt eine schnelle Steuerung bzw. Regelung entwickelt werden. Es wird später deutlich, dass dieser Anteil der Kraft wie eine Dämpfung wirkt und dadurch Energie verbraucht wird.

Das Gleichungssystem lautet:

$$\frac{1}{\mu_1}\phi_1'' + 2D_2\delta(\phi_1' - \phi_2') + \kappa_1(\phi_1 - \phi_2) + n_B^2\Omega^2\mu_3\left(1 + \frac{n_B^2 - n_A^2}{n_B^2}u\right)(\phi_1 - \phi_3) = F \tag{7.21}$$

$$\phi_2'' - 2D_2\delta(\phi_1' - \phi_2') + 2D_2\phi_2' - \kappa_1(\phi_1 - \phi_2) + \phi_2 = 0 \tag{7.22}$$

$$\mu_3\phi_3'' + n_B^2\Omega^2\mu_3\left(1 + \frac{n_B^2 - n_A^2}{n_B^2}u\right)(\phi_3 - \phi_1) = 0 \tag{7.23}$$

Wenn u gleich -1 beziehungsweise 0 ist, dann wird die zweite (n_A) beziehungsweise die vierte (n_B) Motorordnung getilgt. Es stellt sich die Frage, wie u geschaltet werden soll. Das soll im nächsten Abschnitt untersucht werden.

7.5.2 Mögliche Schaltstrategien

Ideales Schalten

Es ist gewünscht, die Tilgerordnung von zwei auf vier zu ändern. Wenn das Schalten ideal erfolgen würde, dann würden die Zeitverläufe wie in Bild 7.13 aussehen.

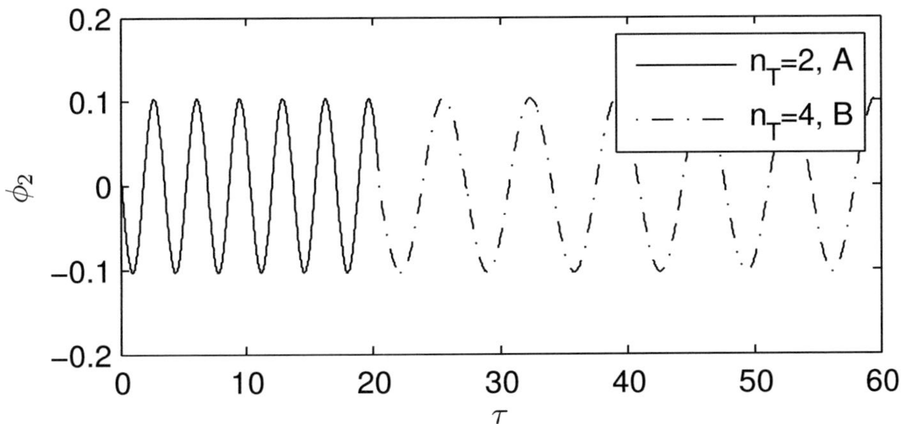

Bild 7.13: Ideales Schalten

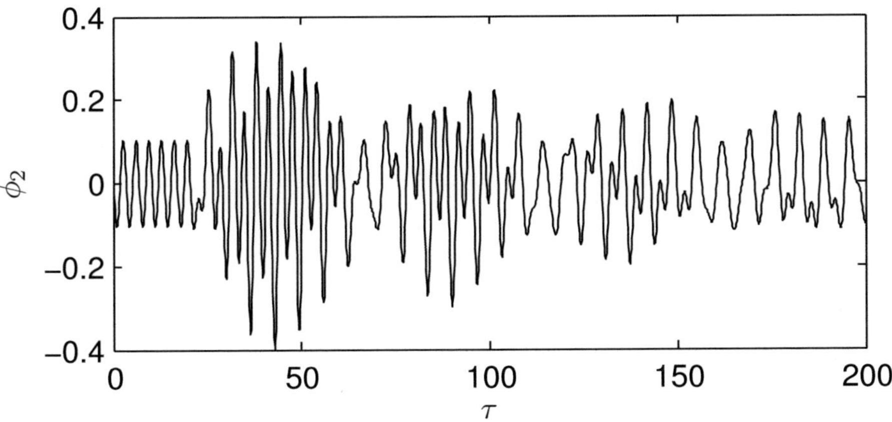

Bild 7.14: ϕ_2 beim schlagartigen Schalten

Schlagartiges Schalten

Die einfachste Schaltstrategie, die gewählt werden kann, besteht darin, die Steuerkraft u von -1 auf 0 schlagartig zu ändern. In Bild 7.14 ist der Zeitverlauf von ϕ_2 dargestellt. Die Schaltung erfolgt bei $\tau = 20$ Zeiteinheiten. Es ist sehr deutlich, dass von dieser Schaltung Schwingungen verursacht werden, deren Amplituden unzulässig groß sind. Der maximale Wert liegt bei 280% der Amplitude des idealen Schaltens, wie es in Bild 7.15 zu sehen ist. Es liegt daran, dass die Schaltung eine stoßartige Anregung des Systems ist. Dadurch

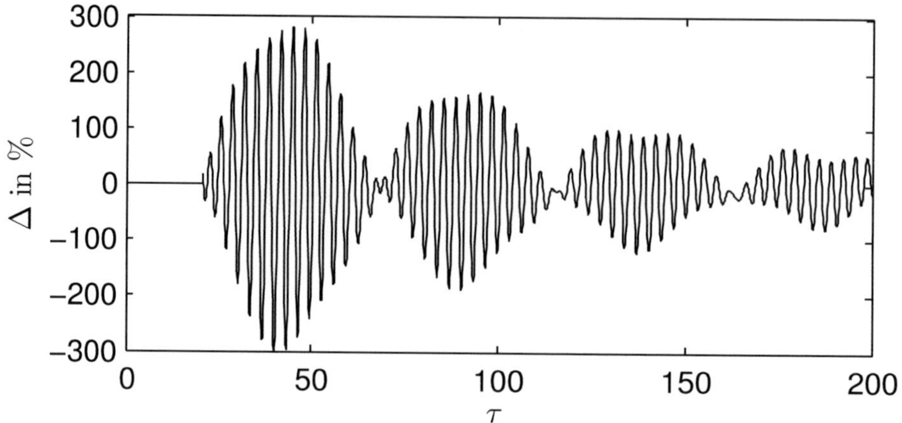

Bild 7.15: Abweichung beim schlagartigen Schalten

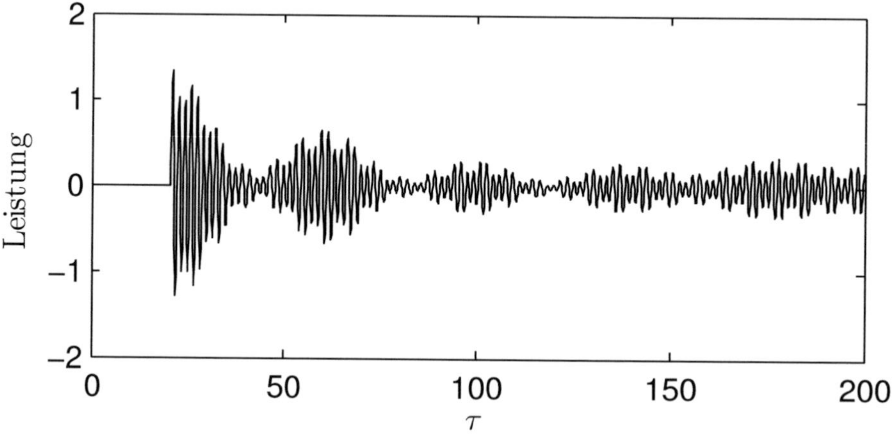

Bild 7.16: Dimensionslose Leistung

entstehen freie schwachgedämpfte Schwingungen mit großen Amplituden. Es dauert 200 Zeiteinheiten, bis das System wieder zulässige Amplituden aufweist.

Die Leistung des Aktors wird mit Formel (7.24) bestimmt und ist in Bild 7.16 dargestellt.

$$P = \Omega^2 \left(n_B^2 - n_A^2\right) \mu_3(\phi_1 - \phi_3)\,(\phi_1' - \phi_3') \tag{7.24}$$

Die entsprechende Arbeit ist Null, wie die bezüglich der Zeitachse fast symmetrische Hüllkurve der Leistung es erahnen lässt.

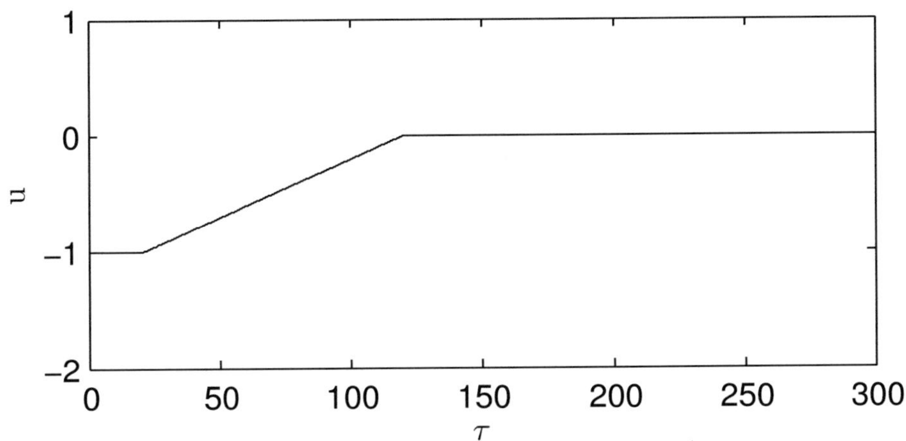

Bild 7.17: Die Übersetzung folgt einer Zeitrampe

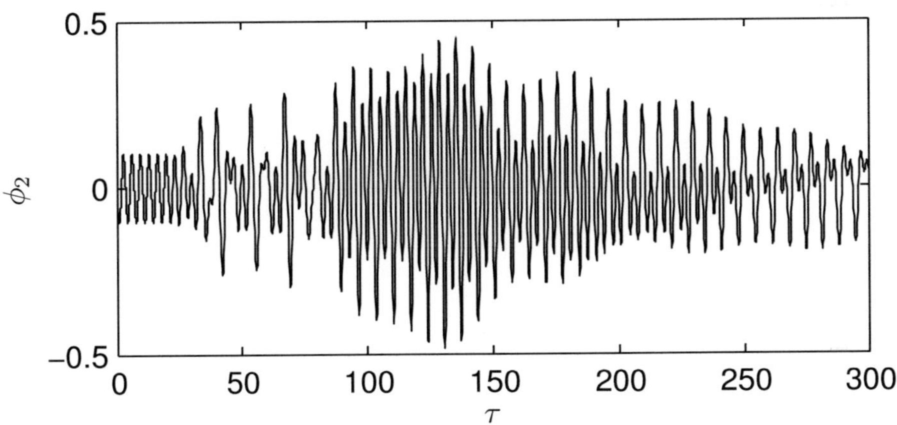

Bild 7.18: ϕ_2 beim langsamen Schalten

Die maximale Leistung liegt dimensionslos bei 1.3 und beträgt damit 21 kW. Die Leistungsspitzen sind sehr groß, kosten aber nichts in dem Sinne, dass sie von der Feder (11) (siehe Bild 7.3) für dieses Schalten abgefangen werden.

Langsames Schalten

Statt eines schlagartigen Schaltens ist auch eine mildere Varation der Übersetzung möglich, wie es in Bild 7.17 gezeigt wird. Diese Strategie ist nicht zielführend, wie es in Bild 7.18 zu erkennen ist. Die Überschwinger (Bild 7.19) sind größer als beim schlagartigen Schalten.

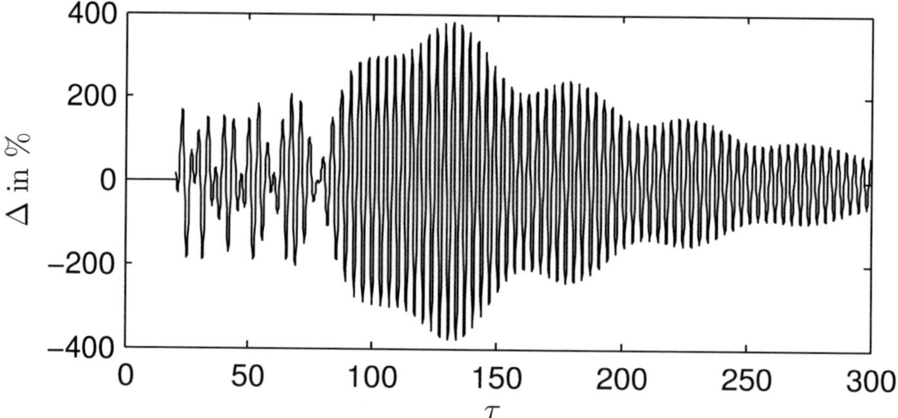

Bild 7.19: Δ beim langsamen Schalten

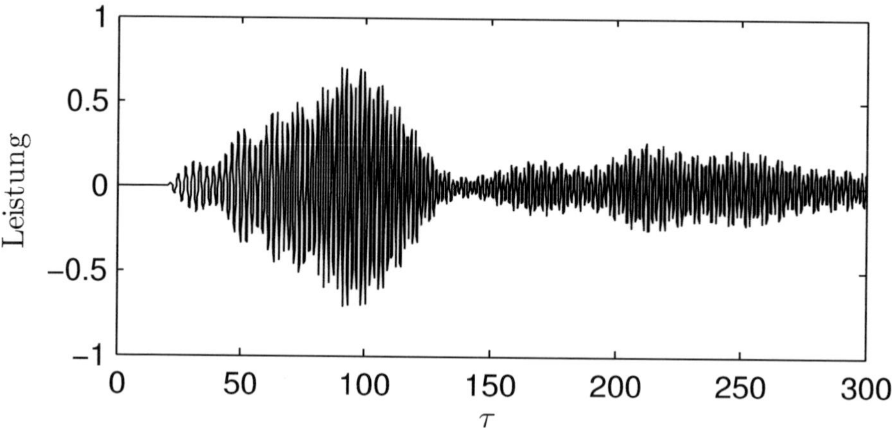

Bild 7.20: Dimensionslose Leistung

Die Leistung kann berechnet werden und wird in Bild 7.16 dargestellt. Es kann wieder festgestellt werden, dass die Energie sehr klein ist.

$$P = \Omega^2 \left(n_B^2 - n_A^2\right) \mu_3(\phi_1 - \phi_3) \left(\phi_1' - \phi_3'\right) (1 + u)$$

Die maximale Leistung liegt dimensionslos bei 0.7 und beträgt damit 10.9 kW.

Zwei Schaltstrategien werden untersucht, beide verursachen große Überschwinger, die nur langsam mit der Zeit abklingen. u soll so wählen, dass das Schaltprozess so schnell wie möglich erfolgt und möglichst wenig Überschwinger verursacht. Diese Kriterien sind nichts anders als Ziele für ein Optimierungsverfahren. Es gibt zwei Möglichkeiten, die optimale Steuerung und die optimale Regelung.

Optimale Schaltstrategien

Es wurde versucht, eine optimale Steuerung zu implementieren. Es ergibt sich wie erwartet ein Zweipunktsteller („Bang-Bang") für u. Da es nur eine Steuerung ist, ist sie nicht robust bezüglich einer Störung der Anfangsbedingungen. Die Trajektorie soll also stabilisiert werden. Die Idee dahinter, die in TRÉLAT [90] ausführlich erklärt wird, besteht darin, das System um die Lösung mit der Zweipunktsteuerung zu linearisieren und eine optimale linear-quadratische Regelung hinzuzufügen, die die Aufgabe hat, die Anfangsstörungen so schnell wie möglich zu beseitigen. TRÉLAT hat es mit Erfolg eingesetzt, um die Rückkher eines Raumschiffs in die Atmosphäre mit minimaler Erwärmung zu ermöglichen. Für unsere Anwendung ist einerseits die Bestimmung der ursprünglichen Zweipunktsteuerung extrem aufwendig. Es gibt viele Schaltvorgänge, deren Bestimmung mit hoher Rechenzeit verbunden sind. Andererseits hängen sie stark von den Anfangsbedingungen ab, was eine Linearisierung um diese Steuerung sinnlos macht.

Es wurde dann entschieden, eine Regelung zu implementieren. Das System ist allgemein nichtlinear aber insbesondere affin. Solche Systeme sind oft theoretisch untersucht worden. In NIJMEIJER [64] werden zum Beispiel diese Systeme ausführlich behandelt. Die dargestellten Methoden sind zwar mächtig aber relativ aufwendig. Die hier betrachtete Aufgabe kann einfacher gelöst werden.

Es wird angenommen, dass das Schalten von einer Ordnung zur anderen (bzw. von einer asymptotisch stabilen stationären Lösung zu einer anderen) relativ selten auftritt. Die Zeit zwischen zwei Schaltvorgängen soll lang genug sein, so dass das System sich vor dem nächsten Schaltvorgang in der Nähe der stationären Lösung befindet. In diesem Fall ist die asymptotische Stabilität der Lösung, die aus dem Hin- und Herschalten zwischen zwei Ordnungen besteht, garantiert. Siehe dazu [45].

Die Idee besteht darin, dass das System so umgeformt werden soll, dass das Problem vom perfekten Schalten für ein nichtlineares System in das Problem der Verfolgung einer gewünschten Trajektorie umgewandelt werden kann. Der Soll-Zustand der Zustandsgrößen und der Steuerungsgröße nach dem Schalten wird als Referenz (als Optimum) betrachtet. Das System wird um diese optimale Lösung linearisiert und eine optimale Rückführung zu deren Stabilisierung wird mit Hilfe der LQR-Theorie entwickelt. Der Zustand des Systems vor dem Schalten wird als Störung in den Anfangsbedingungen betrachtet, von der die Soll-Lösung mit Hilfe der Rückführung geschützt werden soll. Das Steuerungsesetz wird für das volle nichtlineare System angewendet. In BRYSON und HO [8] ist die Begründung für das vorgeschlagene Verfahren zu finden.

7.5.3 Untersuchung der optimalen Regelung

System in der Abweichung

Die Gleichungen (7.14) lassen sich in ein System von Gleichungen erster Ordnung umformen. Es gilt:

$$\tilde{\mathbf{x}}' = \mathbf{A}\tilde{\mathbf{x}} + \tilde{\mathbf{B}}\tilde{\mathbf{x}}u + \tilde{\mathbf{f}}^{+} \tag{7.25}$$

$$\mathbf{A} = \begin{bmatrix} 0 & 0 & 0 & 1 & 0 & 0 \\ 0 & 0 & 0 & 0 & 1 & 0 \\ 0 & 0 & 0 & 0 & 0 & 1 \\ -\mu_1\kappa_1 - n_B^2\Omega^2\mu_1\mu_3 & \mu_1\kappa_1 & n_B^2\Omega^2\mu_1\mu_3 & -2\mu_1 D_2\delta & 2\mu_1 D_2\delta & 0 \\ \kappa_1 & -\kappa_1 - 1 & 0 & 2D_2\delta & -2D_2(\delta+1) & 0 \\ n_B^2\Omega^2 & 0 & -n_B^2\Omega^2 & 0 & 0 & 0 \end{bmatrix}$$

$$\tilde{\mathbf{B}} = \begin{bmatrix} 0 & 0 & 0 & 0 & 0 & 0 \\ 0 & 0 & 0 & 0 & 0 & 0 \\ 0 & 0 & 0 & 0 & 0 & 0 \\ -\left(n_B^2 - n_A^2\right)\Omega^2\mu_1\mu_3 & 0 & \left(n_B^2 - n_A^2\right)\Omega^2\mu_1\mu_3 & 0 & 0 & 0 \\ 0 & 0 & 0 & 0 & 0 & 0 \\ \left(n_B^2 - n_A^2\right)\Omega^2 & 0 & -\left(n_B^2 - n_A^2\right)\Omega^2 & 0 & 0 & 0 \end{bmatrix}$$

$$\tilde{\mathbf{f}}^{+} = \begin{bmatrix} 0 & 0 & 0 & \mu_1 F^{+} & 0 & 0 \end{bmatrix}^T$$

$$\tilde{\mathbf{x}} = \begin{bmatrix} \phi_1 & \phi_2 & \phi_3 & \phi_1' & \phi_2' & \phi_3' \end{bmatrix}^T$$

n_B ist die aktuelle Tilgerordnung bei Lösung B aus Bild 7.13. Als Referenzlösung wird die stationäre Lösung des linearen System mit eingeschalteter Steuerung ($u = 0$) betrachtet. Es gilt:

$$\mathbf{x}_\mathbf{B}' = \mathbf{A}\mathbf{x}_\mathbf{B} + \tilde{\mathbf{f}}^{+} \tag{7.26}$$

Wir bilden jetzt aus (7.25) und (7.26) das linearisierte System in den Abweichungen:

$$\begin{aligned} \mathbf{x} &= \tilde{\mathbf{x}} - \mathbf{x}_\mathbf{B} \\ \mathbf{b} &= \tilde{\mathbf{B}}\mathbf{x}_\mathbf{B} \\ \mathbf{x}' &= \mathbf{A}\mathbf{x} + \mathbf{b}u \end{aligned} \tag{7.27}$$

Die Matrix $\mathbf{A}$ ist zeitunabhägig. Der Vektor $\mathbf{b}$ hängt von der Zeit ab.

Die Anfangsbedingungen werden mit Hilfe der stationären Lösung des Systems vor dem Schalten bestimmt. Sie wird als $\mathbf{x}_\mathbf{A}$ bezeichnet. Vor dem Schalten gilt $n_T = n_A$ und damit $u = -1$. Es gilt:

$$\mathbf{x}_\mathbf{A}' = (\mathbf{A} - \mathbf{B})\mathbf{x}_\mathbf{A} + \tilde{\mathbf{f}}^{+} \tag{7.28}$$

Regelungsaufgabe

Es geht darum, die folgende Aufgabe zu lösen. τ_0 ist die Zeit, zu der das Schalten anfängt.

$$\mathbf{x}' = \mathbf{A}\mathbf{x} + \mathbf{b}(\tau)u, \quad \mathbf{x}(\tau_0) = \mathbf{x_A}(\tau_0) - \mathbf{x_B}(\tau_0) \tag{7.29}$$

Das Kostenfunktional $C(u)$ soll minimiert werden.

$$C(u) = \mathbf{x}^{\mathrm{T}}\mathbf{Q}\mathbf{x} + \int_{\tau_0}^{T} \left(\mathbf{x}^{\mathrm{T}}\mathbf{W}\mathbf{x} + Uu^2\right) \mathrm{d}\tau \tag{7.30}$$

Die Funktion wurde so gewählt, dass die Kosten Null wären, wenn die Schaltung wie in Bild 7.13 erfolgen würde.

$\mathbf{Q}$ ist die Gewichtung der Abweichung von $\mathbf{x}$ mit Sollwert 0 am Ende der Steuerungsphase. $\mathbf{W}$ gewichtet die Überschwinger während der Steuerungsphase. U versucht die Größe der Steuerkraft zu begrenzen. Unter diesen Vorraussetzungen bestätigt die LQR-Theorie [90], dass es eine einzige Regelgröße u gibt, das sich als Funktion des Eingangsvektors $\mathbf{x}$ ausdrücken lässt. Es handelt sich also um eine Rückführung im System.

$$u(\tau) = U^{-1}\mathbf{b}^T\mathbf{E}x \tag{7.31}$$

$\mathbf{E}(\tau)$ ist die Lösung der folgenden Riccati-Gleichung, die für τ von T bis Null, also in reverser Zeit, zu integrieren ist.

$$\dot{\mathbf{E}} = \mathbf{W} - \mathbf{A}^{\mathrm{T}}\mathbf{E} - \mathbf{E}\mathbf{A} - \mathbf{E}\mathbf{b}U^{-1}\mathbf{b}^{\mathrm{T}}\mathbf{E}, \quad \mathbf{E}(T) = -\mathbf{Q} \tag{7.32}$$

An dieser Stelle muss betont werden, dass die Steuerungskraft u eine Funktion von $\mathbf{x}$ ist. Infolgedessen werden sechs Sensoren gebraucht, um das Steuerungsgesetz zu produzieren. Das ist zu viel. Es bietet sich an, eine Regelung basierend auf einem Beobachter zu entwickeln. In dieser Arbeit wird darauf verzichtet, weil das Ziel darin besteht, die Güte und die Dynamik des Schaltens abzuschätzen. Dafür kann von der Hypothese ausgegangen werden, dass der Zustand voll bekannt ist. Wenn eine Regelung mit Beobachter entwickelt werden sollte, dann sollte für sie als Ziel gesetzt werden, die Leistungen der Regelung mit voller Zustandskenntnis so wenig wie möglich zu beeinträchtigen. Es wird geprüft, ob solch eine Regelung mit einem einzigen Sensor möglich wäre.

Das Beobachtbarkeitskriterium soll erfüllt werden. Es wird der Ausgang y und die Ausgangsmatrix $\mathbf{C}$ definiert:

$$y = \mathbf{C}\mathbf{x} \tag{7.33}$$

$$\mathbf{C} = \begin{bmatrix} 0 & 1 & 0 & 0 & 0 & 0 \end{bmatrix} \tag{7.34}$$

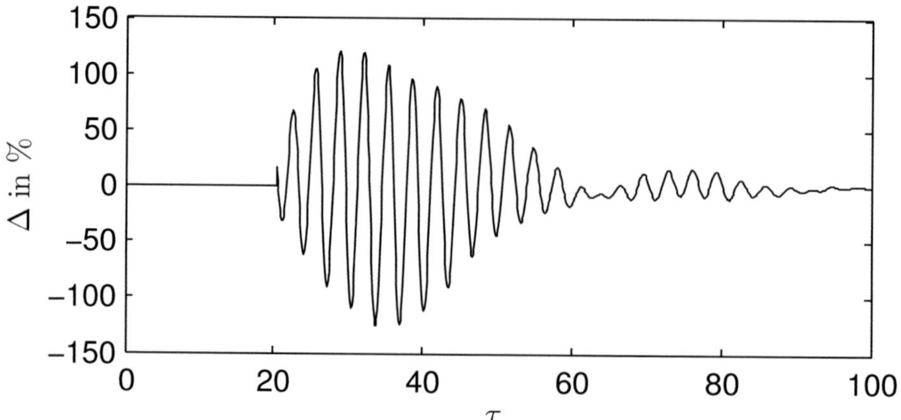

Bild 7.21: Abweichung beim geregelten Schalten

Die Beobachtbarkeitsmatrix und ihre Determinante lauten:

$$\mathbf{M_B} = \begin{bmatrix} \mathbf{C} \\ \mathbf{CA} \\ \vdots \\ \mathbf{CA}^4 \\ \mathbf{CA}^5 \end{bmatrix} \tag{7.35}$$

$$\det(\mathbf{M_B}) = -\kappa_1^2 \mu_1^2 \mu_3^2 n_B^4 \Omega^4 \left(\kappa_1^2 + 4D_2^2 \delta^2 n_B^2 \Omega^2 (1 + \mu_1 \mu_3)\right) \tag{7.36}$$

Die Determinante wird erst Null werden, wenn Ω gleich Null wird. Damit wird bewiesen, dass das System beobachtbar ist und dass eine Regelung basierend auf einem Beobachter denkbar ist.

Ergebnisse

Für die Regelungsaufgabe werden die Gewichtungsmatrizen folgenderweise gewählt:

$$\mathbf{Q} = \mathrm{Diag}(10^5)$$
$$\mathbf{W} = \mathrm{Diag}(0,2)$$
$$U = 1$$

Die dadurch entstehende Abweichung Δ ist in Bild 7.21 dargestellt. Schon nach 80 Zeiteinheiten sind die Abweichungen kleiner als 5 Prozent. Die maximale Abweichung wird gedrittelt und liegt bei 100 %. In Bild 7.22 ist ϕ_2 über die dimensionslose Zeit abgebildet.

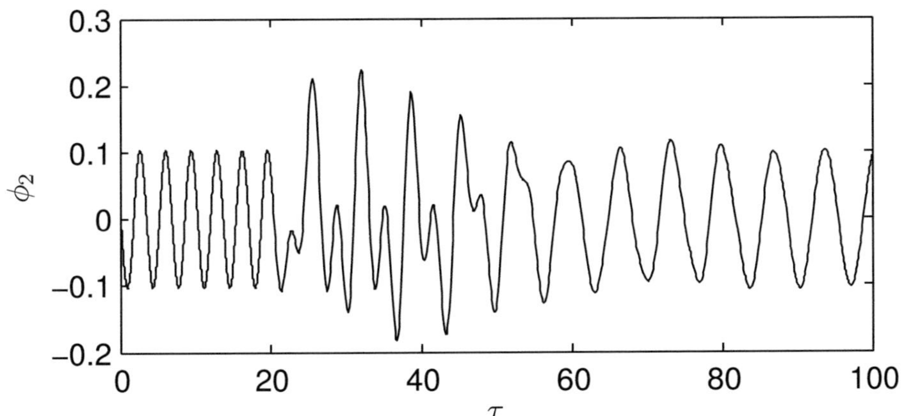

Bild 7.22: ϕ_2 beim geregelten Schalten

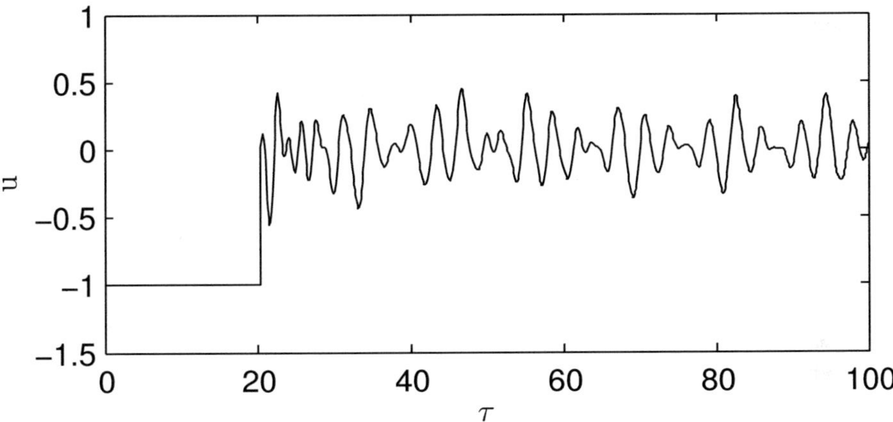

Bild 7.23: Steuerungsgesetz

Das Steuerungsgesetz für u ist im Bild 7.23 dargestellt. Vor $\tau_0 = 20$ Zeiteinheiten liegt die Regelgröße u bei -1 und ist damit ausgeschaltet.

Die Wirkung der Regelung lässt sich im Bild 7.24 gut erkennen. In Bild 7.22 kann abgelesen werden, dass der maximale Wert für ϕ_2 bei 0.23 liegt (weißer Punkt). Wenn keine Ordnungsanpassung gibt, dann liegt die maximale Amplitude bei 0.45 . Das geregelte System zeigt eine Verbesserung von 49%.

Die Leistung besteht aus zwei Anteilen. Der Anteil P_1, der aus der Änderung der Ordnung kommt und der Anteil P_u, der von der aktiven Bekämpfung der Überschwinger wirklich verursacht wird. Nur der zweiten Anteil ist wirklich maßgeblich für die Auslegung des Ak-

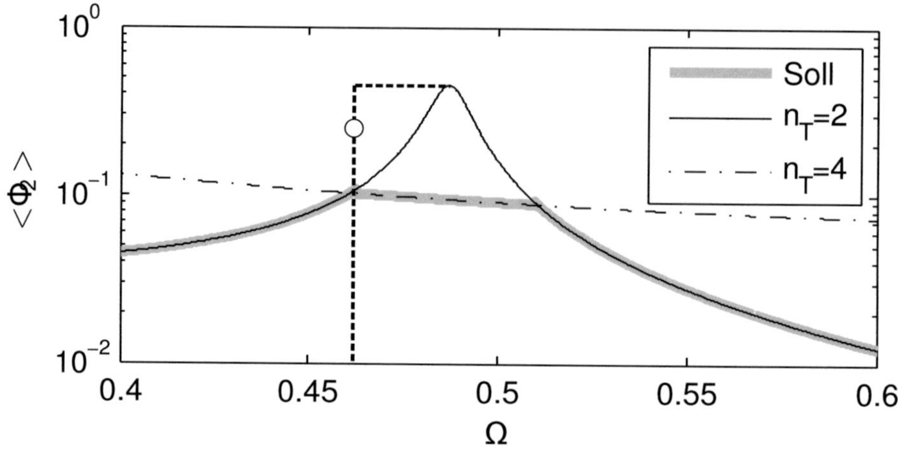

Bild 7.24: $\langle\phi_2\rangle$ bei unterschiedlicher Tilgerordnung. Vergleich mit geregeltem System

tors. Der erste Anteil kann ledlglich von einem konservativen passiven System abgefangen werden. Die verbrauchte Energie und die durschnittliche Leistung können auch berechnet werden.

$$
\begin{aligned}
P_1 &= \Omega^2 \left(n_B^2 - n_A^2\right) \mu_3(\phi_2 - \phi_3)\left(\phi_2' - \phi_3'\right) \\
P_u &= \Omega^2 \left(n_B^2 - n_A^2\right) \mu_3(\phi_2 - \phi_3)\left(\phi_2' - \phi_3'\right) u \\
E_u &= \frac{M_0^2}{k_2} \int_{\tau_0}^{T} P_u \mathrm{d}\tau
\end{aligned}
$$

Der Schaltvorgang dauert etwa 0.37 Sekunden (80 dimensionslose Zeiteinheiten). In Bild 7.26 ist die dimensionslose Leistung, die von der Feder (11) abgefangen wird, dargestellt. Es gibt Spitzen bis 11.9 kW. In Bild 7.25 ist die dimensionslose Leistung, vie von der Steuerung wirklich benötigt wird, veranschaulicht. Es gibt Leistungsspitzen, die 4.9 kW groß sind. Diese kurzzeitigen Ereignisse sind nötig, um die Überschwinger rechtzeitig und effizient bekämpfen zu können. Es werden 31.9 J für die Bekämpfung der Überschwinger (E_u) verbraucht. Die mittlere Leistung beträgt also 85.9 W. Die konstruktive Umsetzung dieser Regelung muss also in der Lage sein, kurzzeitig große Leistungen in Anspruch zu nehmen.

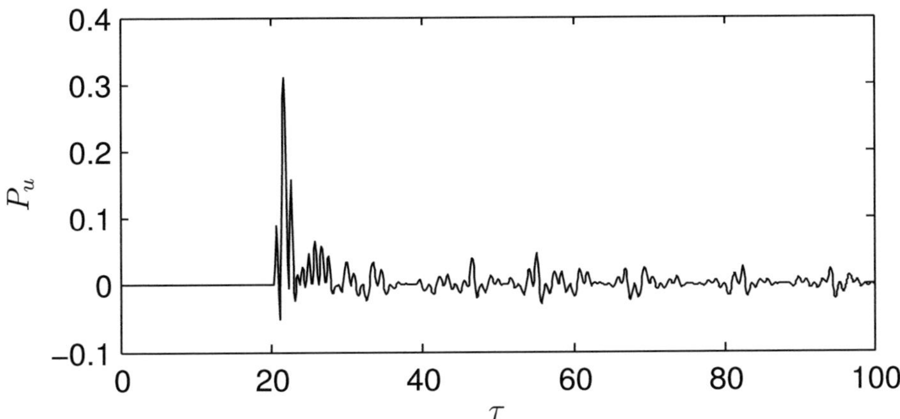

Bild 7.25: Von der Steuerung verbrauchte dimensionslose Leistung

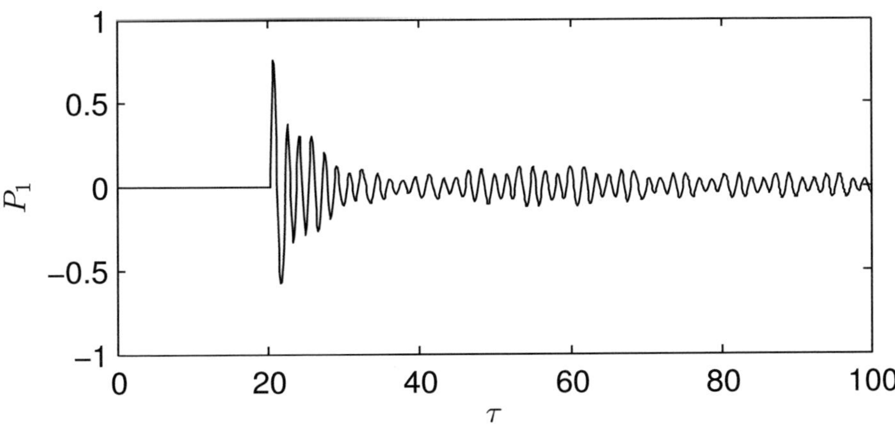

Bild 7.26: Zurückgewinnbare dimensionslose Leistung

7.6 Lastwechsel mit steuerbarem Fliehkraftpendel

Es wird hier die gleiche Strategie wie im vorherigen Kapitel angewendet. Da die Aufgabe sich geändert hat, soll das mathematische Modell angepasst werden. In diesem Abschnitt wird angenommen, dass die Tilgerordnung konstant bleibt. Es soll untersucht werden, wie das System auf einen Sprung des Mittelmoments reagiert.

7.6.1 Mathematisches Modell

Die Anregung bleibt nach wie vor (7.1)

$$F(\tau) = \begin{cases} F^- = -1 + \sin(2\Omega\tau) + \frac{1}{2}\sin(4\Omega\tau) & \text{wenn } \tau \leq \tau_0 \\ F^+ = \sin(2\Omega\tau) + \frac{1}{2}\sin(4\Omega\tau) & \text{wenn } \tau > \tau_0 \end{cases}$$

Die Gleichungen (7.14) sollen umgeformt werden. Es wird die zweite Ordnung getilgt. Damit gilt $n_T = n_A = 2$. Als Steuerungskraft wird direkt S verwendet, und damit gilt $u = S$.

$$\frac{1}{\mu_1}\phi_1'' + 2D_2\delta(\phi_1' - \phi_2') + \kappa_1(\phi_1 - \phi_2) + \\ n_A^2\Omega^2\mu_3(1+u)(\phi_1 - \phi_3) = F \tag{7.37}$$

$$\phi_2'' - 2D_2\delta(\phi_1' - \phi_2') + 2D_2\phi_2' - \kappa_1(\phi_1 - \phi_2) + \phi_2 = 0 \tag{7.38}$$

$$\mu_3\phi_3'' + n_A^2\Omega^2\mu_3(1+u)(\phi_3 - \phi_1) = 0 \tag{7.39}$$

Diese Gleichungen lassen sich als ein System von Gleichungen erster Ordnung schreiben.

$$\tilde{\mathbf{x}}' = \mathbf{A}\tilde{\mathbf{x}} + \tilde{\mathbf{B}}\tilde{\mathbf{x}}u + \tilde{\mathbf{f}} \tag{7.40}$$

$$\mathbf{A} = \begin{bmatrix} 0 & 0 & 0 & 1 & 0 & 0 \\ 0 & 0 & 0 & 0 & 1 & 0 \\ 0 & 0 & 0 & 0 & 0 & 1 \\ -\mu_1\kappa_1 - n_A^2\Omega^2\mu_1\mu_3 & \mu_1\kappa_1 & n_A^2\Omega^2\mu_1\mu_3 & -2\mu_1 D_2\delta & 2\mu_1 D_2\delta & 0 \\ \kappa_1 & -\kappa_1 - 1 & 0 & 2D_2\delta & -2D_2(\delta+1) & 0 \\ n_A^2\Omega^2 & 0 & -n_A^2\Omega^2 & 0 & 0 & 0 \end{bmatrix}$$

$$\tilde{\mathbf{B}} = \begin{bmatrix} 0 & 0 & 0 & 0 & 0 & 0 \\ 0 & 0 & 0 & 0 & 0 & 0 \\ 0 & 0 & 0 & 0 & 0 & 0 \\ -n_A^2\Omega^2\mu_1\mu_3 & 0 & n_A^2\Omega^2\mu_1\mu_3 & 0 & 0 & 0 \\ 0 & 0 & 0 & 0 & 0 & 0 \\ n_A^2\Omega^2 & 0 & -n_A^2\Omega^2 & 0 & 0 & 0 \end{bmatrix}$$

$$\tilde{\mathbf{f}}^- = \begin{bmatrix} 0 & 0 & 0 & \mu_1 F^- & 0 & 0 \end{bmatrix}^T$$

$$\tilde{\mathbf{f}}^+ = \begin{bmatrix} 0 & 0 & 0 & \mu_1 F^+ & 0 & 0 \end{bmatrix}^T$$

$$\tilde{\mathbf{x}} = \begin{bmatrix} \phi_1 & \phi_2 & \phi_3 & \phi_1' & \phi_2' & \phi_3' \end{bmatrix}^T$$

n_A ist die aktuelle Tilgerordnung. Die stationäre Lösung bei $\tau > \tau_0$ mit *ausgeschalteter* Steuerung ($u = 0$), betrachtet von dem linearen System, wird als Referenzlösung genommen. Es gilt:

$$\mathbf{x}'_+ = \mathbf{A}\mathbf{x}_+ + \tilde{\mathbf{f}}^+ \tag{7.41}$$

Wir bilden jetzt aus (7.40) und (7.41) das linearisierte System in den Abweichungen:

$$\begin{aligned} \mathbf{x} &= \tilde{\mathbf{x}} - \mathbf{x}_+ \\ \mathbf{b} &= \tilde{\mathbf{B}}\mathbf{x}_+ \\ \mathbf{x}' &= \mathbf{A}\mathbf{x} + \mathbf{b}u \end{aligned} \tag{7.42}$$

Die Anfangsbedingungen für (7.42) werden mit Hilfe der stationären Lösung des Systems vor dem Schalten bestimmt. Sie wird mit $\mathbf{x}_-$ bezeichnet. Vor dem Schalten ist die Tilgerordung auch zwei und deswegen gilt $u = 0$. Es ergibt sich:

$$\mathbf{x}'_- = \mathbf{A}\mathbf{x}_- + \tilde{\mathbf{f}}^- \tag{7.43}$$

Das folgende System soll geregelt werden:

$$\mathbf{x}' = \mathbf{A}\mathbf{x} + \mathbf{b}(\tau)u, \quad \mathbf{x}(\tau_0) = \mathbf{x}_-(\tau_0) - \mathbf{x}_+(\tau_0) \tag{7.44}$$

7.6.2 Schalten mit optimaler Regelung

Das Sollverhalten für ϕ_2 ist in Bild 7.27 dargestellt.

Die Ergebnisse der Schaltstrategie werden in den Bildern 7.28 und 7.29 gezeigt. Die Gewichtungsmatrizen werden so gewählt, dass die Überschwinger klein bleiben und sie relativ schnell abklingen. Sie lauten:

$$\begin{aligned} \mathbf{Q} &= \mathrm{Diag}(10^4) \\ \mathbf{W} &= \mathrm{Diag}(0.02) \\ U &= 1 \end{aligned}$$

Die maximale Amplitude der Überschwinger wird kaum reduziert. Dafür wird die Abklingdauer viel kürzer. Es lässt sich dadurch erklären, dass wegen der sprungartigen Änderung des mittleren Moments die große Trägheit J_1 stark beschleunigt wird. Die Pendelträgheit ist relativ klein und kann kurz nach dem Sprung keine ausreichende Wirkung haben. Auf Dauer hat die Regelung einen erheblichen dämpfenden Einfluss. Die Überschwinger klingen viel schneller als bei dem ungeregeltem System ab. Die Regelgröße u bleibt relativ klein, wie es im Bild 7.30 zu sehen ist.

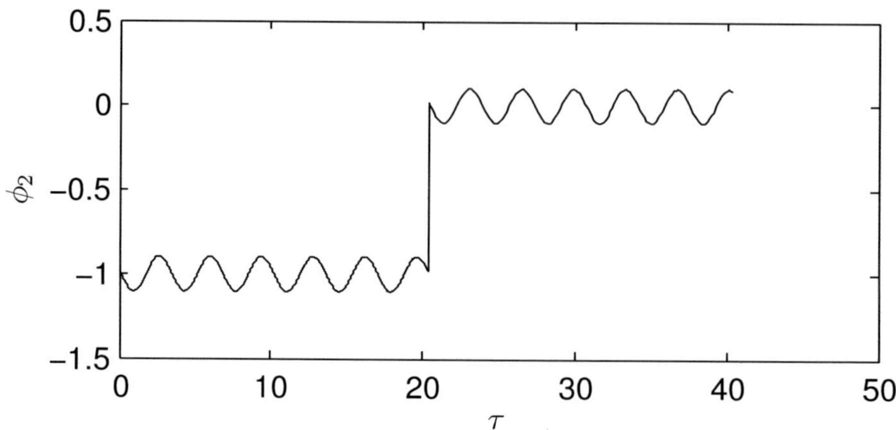

Bild 7.27: Idealer Verlauf von ϕ_2 bei einem Sprung vom mittleren Moment

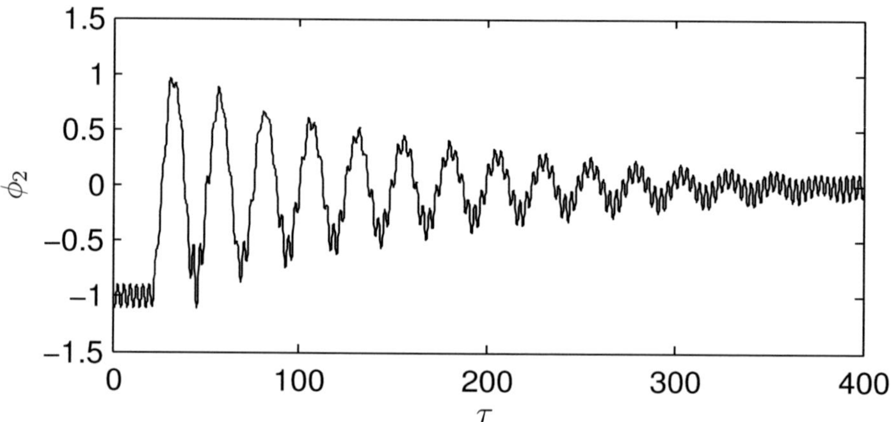

Bild 7.28: ϕ_2 beim Lastwechsel mit Regelung

Der Energiebedarf des Schaltvorgangs soll nun berechnet werden. Die Energie E_u beträgt 824 J und wird mit folgender Formel bestimmt:

$$P_u = n_A^2 \Omega^2 \mu_3 (\phi_1 - \phi_3)(\phi_1' - \phi_3') u \tag{7.45}$$

$$E_u = \frac{M_0^2}{k_2} \int_{\tau_0}^{T} P_u \mathrm{d}\tau \tag{7.46}$$

Die mittlere Leistung, die während der 380 Zeiteinheiten (1.8 Sekunden) verbraucht worden ist, beträgt 465 W. Der Zeitverlauf der dimensionslosen Leistung ist in Bild 7.31 präsentiert.

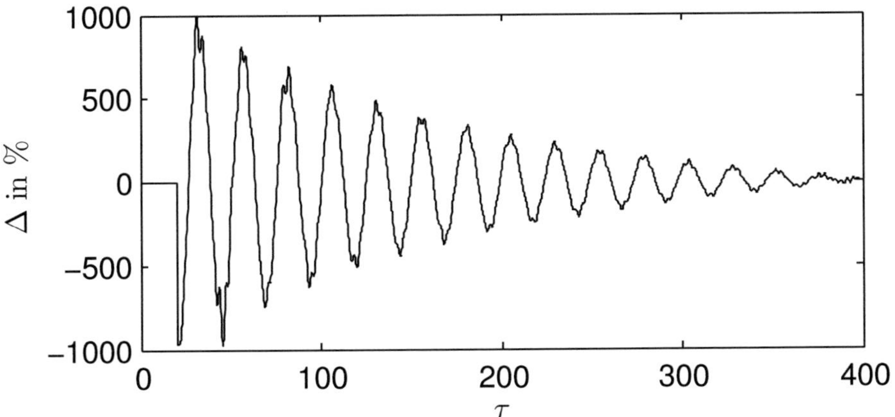

Bild 7.29: Δ beim Lastwechsel mit Regelung

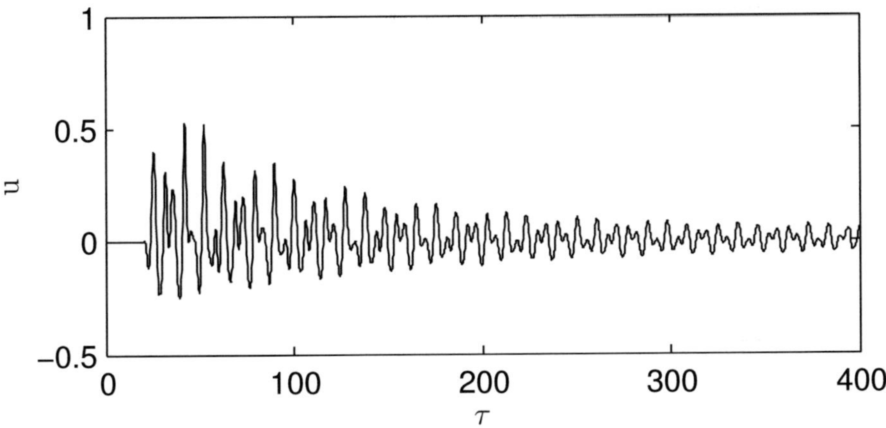

Bild 7.30: u beim Lastwechsel mit Regelung

Die Spitze bei 0.7 entspricht einer maximalen Leistung von 12 kW. Diese Leistung ist sehr groß. Dieses System kann in der Realität wahrscheinlich nicht umgesetzt werden. Das zeigt, dass das Problem des Lastwechsels durch Motoreingriff gelöst werden soll. Tilger können dabei nur wenig beitragen.

Die Thematik der Motorsteuerung ist nicht im Umfang dieser Arbeit enthalten. Hinweise über die Verbesserung der Sprungantwort als Regelungsaufgabe können in den Arbeiten von BAUMANN [3] und TORKZADEH [89] gefunden werden. Es geht darum, den Sprung mil-

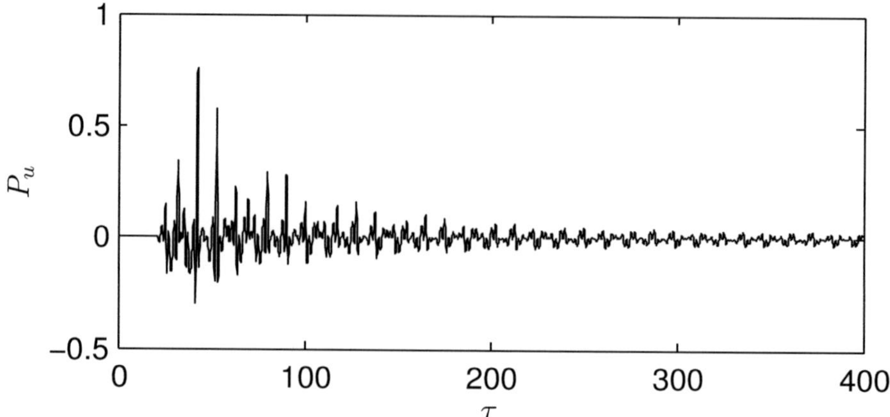

Bild 7.31: Dimensionslose Leistung über der Zeit

der und langsamer zu gestalten. Dabei soll ein echtzeitfähiges Modell des Antriebsstrangs in der Regelung integriert werden. Weitere Referenzen können in einem Literaturüberblick über Ruckelregelung in der Arbeit von JOACHIM [36] gefunden werden.

7.7 Schaltung mit Beobachter

An dieser Stelle muss betont werden, dass die Steuerungskraft u eine Funktion von $\mathbf{x}$ ist. Infolgedessen werden sechs Sensoren gebraucht, um die Regelung zu erzeugen, was zu viel ist. Es bietet sich an, eine Regelung basierend auf einem Beobachter zu entwickeln. In dieser Arbeit wird darauf verzichtet, weil das Ziel darin besteht, die Güte und die Dynamik des Schaltens abzuschätzen. Dafür kann von der Hypothese ausgegangen werden, dass alle Zustandsgrößen bekannt sind. Wenn eine Regelung mit Beobachter entwickelt werden sollte, dann sollte das Ziel dabei sein, die Güte der Regelung mit voller Zustandskenntnis so wenig wie möglich zu beeinträchtigen. In diesem Abschnitt wird geprüft, ob solch eine Regelung möglich wäre.

Das Beobachtbarkeitskriterium soll erfüllt sein. Es wird der Ausgang y und die Ausgangsmatrix $\mathbf{C}$ definiert:

$$\begin{aligned} y &= \mathbf{C}\mathbf{x} \\ \mathbf{C} &= \begin{bmatrix} 0 & 1 & 0 & 0 & 0 & 0 \end{bmatrix} \end{aligned} \tag{7.47}$$

Die Beobachbarkeitsmatrix und ihre Determinante lauten:

$$\mathbf{M_B} = \begin{bmatrix} \mathbf{C} \\ \mathbf{CA} \\ \vdots \\ \mathbf{CA}^4 \\ \mathbf{CA}^5 \end{bmatrix}$$
$$\det(\mathbf{M_B}) = -\kappa_1^2\mu_1^2\mu_3^2 n_B^4 \Omega^4 \left(\kappa_1^2 + 4D_2^2\delta^2 n_B^2 \Omega^2 (1+\mu_1\mu_3)\right) \tag{7.48}$$

Die Determinante kann erst Null werden, wenn Ω gleich Null ist. Damit ist bewiesen, dass das System beobachtbar ist und dass eine Regelung basierend auf einem Beobachter möglich ist.

7.8 Fazit

In diesem Abschnitt werden die vorherigen Ergebnisse zusammengefasst. Für die Isolierungsgüte sind das passive und das steuerbare Fliehkraftpendel gleich gut, wenn sie beide auf die gleiche Ordnung abgestimmt werden, siehe Tabelle 7.3.

Anregung	**Passiv und Aktiv**
2. Ordnung	perfekt
4. Ordnung	Siehe Bild 7.5

Tabelle 7.3: Vergleich bezüglich der Isolation

Die Ordnung des passiven Pendels kann nicht modifiziert werden. Bei dem steuerbaren System können unterschiedliche Schaltstrategien gewählt werden. Die Ergebnisse jeder Strategie sind in Tabelle 7.4 zusammengefasst. Mit der Spalte $\mathbf{P_1}$ ist gemeint, dass es sich um den Energieanteil handelt, der grundsätzlich zurückgewonnen werden kann. In der Spalte $\mathbf{P_u}$ wird der Energieverbrauch der Steuerung u beschrieben. Diese Energie kann nicht mehr zurückgewonnen werden. Bei den anderen Schaltstrategien gibt es keine Steuerung und damit könnte theoretisch die Energie zurückgewonnen werden. Man hätte erwarten können, dass die maximale Leistung P_1 bei optimaler Regelung und die maximale Leistung bei sprunghafter Änderung der Ordnung ähnlich groß sind. Das ist nicht der Fall, weil diese Leistung unter anderem von der Amplitude der Überschwinger abhängt, die bei der optimalen Regelung deutlich reduziert worden ist.

Kriterium	**Sprung**	**Rampe**	**Optimale Regelung**	
Max. Aweichung Überschwinger in %	300	400	120	
Dauer Überschwinger in s	>0.9	>1.3	<0.4	
			$\mathbf{P_1}$	$\mathbf{P_u}$
Energie in J	-	-	-	31.9
Durschnittliche Leistung in W	-	-	-	85.9
Max. Leistung in kW	21	10.9	11.9	4.9

Tabelle 7.4: Vergleich bei Ordnungswechsel

Die Ergebnisse bezüglich der sprungartigen Änderung des mittleren Moments werden in der nächsten Tabelle dargestellt. Die Wirksamkeit des passiven und des aktiven Pendels werden verglichen.

Kriterium	**Passiv**	**Optimale Regelung**
Max. Abweichung Überschwinger in %	1000 %	1000%
Dauer Überschwinger in s	>28	<2
Energie in J	0	824
Durschnittliche Leistung in W	0	465
Max. Leistung in kW	0	11.9

Tabelle 7.5: Vergleich bei Änderung des Mittelmoments

Anhand dieser Tabellen ist klar, dass die optimale Regelung anhand des linearisierten Systems sehr wirksam ist. Leider sind die Anforderungen ans System sehr groß. Obwohl die Arbeit relativ bescheiden ist, gibt es große Leistungsspitzen. Der Aktor soll in der Lage sein, diese Leistungsspitzen abzudecken.

8 Zusammenfassung und Ausblick

Torsionsschwingungen im Antriebsstrang sind aus Komfort- und Festigkeitsgründen unerwünscht. In dieser Arbeit werden unterschiedliche Konzepte von Isolatoren und Tilger vorgeschlagen, um ihn zu schützen. Der Antriebsstrang und ein Mehrmassenmodell werden beschrieben. Mit Hilfe von systematischer Modellreduktion ist ein Minimalmodell erzeugt worden, womit unterschiedliche Konzepte zur Reduktion der Torsionsschwingungen untersucht werden können.

Zunächst wird der klassische passive Isolator untersucht. Es wird gezeigt, dass vor den mechanischen Organen, die zu schützen sind, eine schwere Masse mit weicher elastischer Kopplung vorgesehen werden soll. Dabei kann die Dämpfung in Abhängigkeit der Frequenz optimal bezüglich der stationären Isolationsgüte gewählt werden.

Ein weicher Isolator lässt große Verformungen aufgrund statischer Last zu. Dieses Problem kann mit Hilfe eines innovativen semiaktiven Systems, basierend auf einem hydraulischen Aktor und einem Druckregler, gelöst werden. Es wird gezeigt, dass solch eine nichtlineare hydraulische Steuerung mit einem Schieberventil eine komplizierte Dynamik aufweist. Es werden dafür Bifurkationsdiagramme mit Hilfe von Monte-Carlo-Simulationen erzeugt. Je nach Ventilauslegung, Anregung und Anfangsbedingungen können stationäre fremderregte oder selbsterregte Schwingungen, chaotische Schwingungen oder sogar globale Instabilität simulationstechnisch nachgewiesen werden.

Um die Auslegung von solchen Systemen zu vereinfachen, wird ein grafisches Werkzeug (die Verhaltenskarte) vorgeschlagen, womit Stabilät und Aperiodizität eines linearen Systems mit konstanten Koeffizienten im Parameterraum kompakt dargestellt werden kann. Ein Kriterium anhand der Struktur der Beobachbarkeitsmatrix wird formuliert und bewiesen. Die Kombination dieser zwei Werkzeuge ermöglicht es, die Parameter des Systems so zu wählen, dass die Sprungantwort des Systems aperiodisch und monoton erfolgt. Insbesondere können Überschwinger ausgeschlossen werden.

Eine weitere Möglichkeit, Torsionsschwingungen zu bekämpfen, besteht darin, ein Fliehkraftpendel einzusetzen. Es wird eine innovative steuerbare Variante vorgestellt. Das Schalten zwischen unterschiedlichen Tilgerordnungen wird detailliert betrachtet und eine optimale Schaltstrategie vorgeschlagen. Die Schaltstrategie wird anhand eines linearisierten Modells entwickelt. Sie wird für das nichtlineare System mit Erfolg angewendet. Dabei muss allerdings die Leistungselektronik in der Lage sein, eine große Leistung während kurzer Zeit beizusteuern.

Die Konzepte, die in dieser Arbeit vorgestellt werden, sind für Verbrennungsmotoren gedacht. Die Elektrifizierung des Antriebsstrangs bringt neue Chancen und neue Herausforderungen für die Automobilindustrie mit sich. Für Hybridfahrzeuge ist es denkbar, den

Elektromotor für die Schwingungsbekämpfung zu benutzen. Bei vollelektrischen Fahrzeugen sind die Momentenschwankungen, die von dem Verbrennungsmotor verursacht werden, komplett weg. Es bedeutet jedoch nicht, dass damit alle Schwingungsprobleme gelöst sind. Es wird höchstwahrscheinlich andere Probleme geben. Darüber freut sich der Ingenieur, denn es ist gerade seine Aufgabe, technische Lösungen zu finden.

Teil II

Anhang: Mathematische Werkzeuge

Im Rahmen dieser Arbeit werden dynamische Systeme mit nichtlinearen Differentialgleichungen modelliert. Alle realen Systeme sind nichtlinear, leider lassen sich nichtlineare Differentialgleichungen sehr selten in geschlossener Form lösen. Dagegen sind die Lösungen von linearen Differentialgleichungen bekannt. In diesem Teil werden die nötigen mathematischen Werkzeuge dargestellt, um nichtlineare Systeme zu linearisieren, um lineare System zu untersuchen und optimal zu regeln.

Ein Weg, lineare Differentialgleichungen zu erzeugen, besteht darin, kleine Änderungen der Zustandsgrößen um eine interessante Grundlösung, zum Beispiel eine Gleichgewichtslage oder eine periodische Lösung, zu betrachten. In Abschnitt 9.1 wird diese Art von lokaler Linearisierung kurz dargestellt. Diese Methode wird im Rahmen der Entwicklung einer optimalen Regelung angewendet (Siehe Abschnitt 7.5.3).

Es kann aber vorkommen, dass die globalen Eigenschaften eines Systems beschrieben werden sollen. Falls die zu untersuchenden Lösungen periodisch sind, bietet sich ein anderes Verfahren an: die harmonische Balance. In Abschnitt 9.2 wird sie kurz zusammengefasst und in den Kapiteln 5 und 6 angewendet, um Grenzzyklen zu bestimmen.

Die harmonische Balance ist ein interessantes Werkzeug, um einfache analytische periodische Näherungslösungen zu finden. Es gibt aber Fälle, wo die Lösung mit großer Genauigkeit bestimmt werden muss. Dann kann der Newton-Raphson-Algorithmus angewendet werden, der in Kapitel 10 beschrieben wird. Dieser Algorithmus braucht eine Anfangsabschätzung der zu bestimmenden numerischen Lösung, die von der Methode der harmonischen Balance geliefert werden kann. Er löst dann linearisierte Gleichungen, um nach einer numerischen Lösung zu streben.

Die drei bereits erwähnten Methoden können dazu dienen, Näherungslösungen zu finden. Eine Lösung ist von den aktuellen Werten der Systemparameter und den Anfangsbedingungen vollständig bestimmt. Es stellt sich natürlich die Frage, wie die Lösungen mit den Parametern qualitativ variieren können. Für lineare Systeme mit konstanten Koeffizienten gibt es bereits eine vollständige Theorie. In dieser Arbeit werden Eigenschaften wie Stabilität und aperiodische Sprungantwort untersucht. Kriterien diesbezüglich werden im Parameterraum grafisch dargestellt. Diese neue grafische Methode wird in Kapitel 11 beschrieben. Es wird auch ein Kriterium für die Beobachtbarkeitsmatrix formuliert und bewiesen. Es garantiert, dass eine Zutandsgröße eines aperiodischen Systems eine streng monotone Sprungantwort aufweist.

Manche Systeme, die in dieser Arbeit untersucht werden, sind geregelt. Für lineare Systeme gibt es mächtige Methoden. Eine davon ist die linear-quadratisch-optimale Zustandsrückführung (LQR). Sie dient dazu, eine Regelung für ein lineares System so zu gestalten, dass ein quadratisches Funktional minimiert wird. In dieser Arbeit wird solch eine Regelung anhand eines linearisierten Systems entwickelt und für das originale nichtlineare System erfolgreich angewendet. Die Methode wird in Kapitel 12 vorgestellt.

9 Linearisierung

Lineare Modelle sind für Ingenieure von großer Bedeutung, weil sie sich besonders einfach untersuchen lassen. Die Realität ist im Grunde genommen nichtlinear, dennoch lässt sie sich in manchen Fällen mit linearen Modellen ausreichend gut beschreiben. Die Literatur dazu ist umfangreich. Zwei interessante Beispiele sind in CHEN [11] gegeben. Dort wird nicht nur die Stabilität von Gleichgewichtslagen untersucht sondern auch das qualitatives Verhalten von nichtlinearen Systemen im Phasenraum mit Hilfe der Hurwitzschen [30] und Fullerschen Kriterien [22] dargestellt.

Im Abschnitt 9.1 wird die Linearisierung eines differenzierbaren Systems um eine Lösung erklärt. Wenn das System eine periodische Lösung aufweist, bietet sich die Methode der harmonischen Balance an. Sie hat den Vorteil, dass das System nicht unbedingt differenzierbar sein muss. Die Methode und ihre Einschränkungen werden im Abschnitt 9.2 erläutert.

9.1 Linearisierung um eine Lösung

Die Untersuchung der Stabilität einer Lösung von einem System von Differentialgleichungen ist ein wesentlicher Teil jeder Dynamikvorlesung [27]. Die Linearisierung der Gleichungen um die zu untersuchende Lösung, falls sie möglich ist, liefert häufig wichtige Erkenntnisse.

Es wird angenommen, dass das mathematische Modell des dynamischen Systems als ein System von Differentialgleichungen erster Ordnung beschrieben wird.

$$\frac{\mathrm{d}\mathbf{x}}{\mathrm{d}t} = \mathbf{f}(\mathbf{x}, t) \tag{9.1}$$

mit $\mathbf{x}^{\mathrm{T}} = \begin{bmatrix} x_1 & x_2 & \dots & x_n \end{bmatrix}$ und $\mathbf{f}^{\mathrm{T}} = \begin{bmatrix} f_1 & f_2 & \dots & f_n \end{bmatrix}$. Es wird angenommen, dass die Existenz und die Eindeutigkeit der Lösungen von (9.1) für t im Intervall $I = [t_0; +\infty[$ gewährleistet ist. In diesem Fall wird eine Lösung durch ihre Anfangsbedingungen eindeutig bestimmt. Sei $\mathbf{x_0}(t)$ eine Lösung von (9.1). Wenn die Funktion $\mathbf{f}$ $\mathcal{C}^\infty$ bei $\mathbf{x} = \mathbf{x_0}$ ist, dann lässt sie sich in einer Taylorreihe entwickeln. Es gilt:

$$\frac{\mathrm{d}\mathbf{x}}{\mathrm{d}t} = \mathbf{f}(\mathbf{x_0}, t) + \left.\frac{\partial \mathbf{f}}{\partial \mathbf{x}}\right|_{\mathbf{x}=\mathbf{x_0}} (\mathbf{x} - \mathbf{x_0}) + \mathbf{g}(\mathbf{x}, \mathbf{x_0}, t) \tag{9.2}$$

$\left.\frac{\partial \mathbf{f}}{\partial \mathbf{x}}\right|_{\mathbf{x}=\mathbf{x_0}}$ ist die Jacobi-Matrix von $\mathbf{f}$. $\mathbf{g}$ enthält die nichtlinearen Glieder der Taylorreihe (9.2) bezüglich $\mathbf{x}$.

Die Linearisierung des Systems besteht darin, die Funktion $\mathbf{g}$ als vernachlässigbar zu betrachten. Das Ergebnis ist nur lokal gültig, weil die vernachlässigten nichtlinearen Terme müssen im Vergleich zum linearen Teil klein bleiben. Es ergibt sich:

$$\frac{\mathrm{d}(\mathbf{x}-\mathbf{x_0})}{\mathrm{d}t} = \left.\frac{\partial \mathbf{f}}{\partial \mathbf{x}}\right|_{\mathbf{x}=\mathbf{x_0}} (\mathbf{x}-\mathbf{x_0}) \tag{9.3}$$

9.2 Harmonische Balance

Es gibt Fälle, wo die Funktion $\mathbf{f}$ in der Nähe einer Lösung nicht differenzierbar ist. In MAGNUS [55] und HAGEDORN [27] werden Methoden dargestellt, die dann eingesetzt werden können. Falls das zu untersuchende System periodische Lösungen aufweist, kann die Methode der harmonischen Balance verwendet werden.

Die allgemeine Gültigkeit dieser Linearisierung ist mathematisch umstritten. Wenn die periodische Lösung existiert, dann liefert diese Methode in der Regel brauchbare Näherungslösungen. Wenn sie zur Suche von periodischen Lösung eingesetzt wird, liefert sie manchmal falsche Ergebnisse. LASALLE [43] gibt solch ein Beispiel, das ursprünglich von SINGH [82] stammt. Aus diesem Grund ist sie zum Beispiel von STARK [84] weiterentwickelt worden.

In dieser Arbeit sind Systeme mit selbsterregten Schwingungen unerwünscht. Die Methode wird eingesetzt, um die Grenze des Parameterraums zu finden, innerhalb derer kein Grenzzyklus entsteht. Wenn diese Grenze näherungsweise bestimmt ist, dann kann sie nach Bedarf mit Hilfe numerischer Zeitsimulation präzisiert bzw. korrigiert werden. Der Einsatz dieser Methode in ihrer klassischen Ausführung ist im Rahmen dieser Arbeit wegen dieser Kontrollmöglichkeit (siehe Kapitel 10) zulässig.

Sei f eine reelle skalare ungerade Funktion ($f(x) = f(-x)$), x eine reelle skalare periodische Funktion der Zeit. Die Periode ist T.

$$\begin{aligned} f:\ & \mathbb{R}^2 && \longrightarrow && \mathbb{R} \\ & \{x, \dot{x}\} && \mapsto && f(x, \dot{x}) \end{aligned}$$

Die Lösung x wird in einer Fourierreihe entwickelt. Davon werden nur die ersten Terme behalten. ω ist die Grundfrequenz.

$$\begin{aligned} \omega &= \frac{2\pi}{T} \\ x &= \hat{x}\cos\omega t + \hat{x_0} \\ \dot{x} &= -\hat{x}\omega\sin\omega t \end{aligned} \tag{9.4}$$

Die Idee besteht darin, die nichtlineare Funktion f auf eine lineare Funktion zu projizieren, so dass der Abstand zwischen den zwei Funktionen minimal ist. Es wird einen Abstand e definiert:

$$e(t) = f(x, \dot{x}) - a_1 x - b_1 \dot{x} - a_0 \tag{9.5}$$

Der mittlere quadratische Fehler J während einer Periode T soll minimal sein.

$$J = \frac{1}{T} \int_0^T e^2(t) \mathrm{d}t \tag{9.6}$$

Die Minimierungsbedingungen lauten:

$$\begin{aligned}
\frac{\partial J}{\partial a_0} &= \frac{2}{T} \int_0^T e(t) \frac{\partial e}{\partial a_0} \mathrm{d}t = 0 \\
\frac{\partial J}{\partial a_1} &= \frac{2}{T} \int_0^T e(t) \frac{\partial e}{\partial a_1} \mathrm{d}t = 0 \\
\frac{\partial J}{\partial b_1} &= \frac{2}{T} \int_0^T e(t) \frac{\partial e}{\partial b_1} \mathrm{d}t = 0
\end{aligned} \tag{9.7}$$

Damit lassen sich a_0, a_1 und b_1 bestimmen.

$$\begin{aligned}
a_0 &= \frac{1}{T} \int_0^T f(\hat{x} \cos \omega t + \hat{x_0}, -\hat{x}\omega \sin \omega t) \mathrm{d}t \\
a_1 &= \frac{2}{T\hat{x}} \int_0^T f(\hat{x} \cos \omega t + \hat{x_0}, -\hat{x}\omega \sin \omega t) \cos \omega t \mathrm{d}t \\
b_1 &= -\frac{2}{T\hat{x}\omega} \int_0^T f(\hat{x} \cos \omega t + \hat{x_0}, -\hat{x}\omega \sin \omega t) \sin \omega t \mathrm{d}t
\end{aligned} \tag{9.8}$$

10 Grenzzyklen von stetigen stückweise linearen Systemen

In Kapitel 12 wird eine Optimierungsaufgabe im Zusammenhang mit der linearen Regelung gelöst. In diesem Kapitel wird kurz erläutert, wie die Suche nach einer Lösung von einem System von Differentialgleichungen auch als Optimierungsaufgabe formuliert und gelöst werden kann.

Die Systeme, die hier betrachtet werden, sind stetig und stückweise linear. Wenn i der Index eines linearen Stücks ist, dann gilt:

$$\dot{\mathbf{x}} = \mathbf{A_i x} + \mathbf{b_i} \tag{10.1}$$

$\mathbf{x}$ ist der Zustandsvektor mit den Komponenten:

$$\mathbf{x}^{\mathrm{T}} = \begin{bmatrix} x_1 & x_2 & \dots & x_{n-1} & x_n \end{bmatrix} \tag{10.2}$$

Sei t_{ij} die Zeit, in der das System den Bereich i verlässt und in Bereich j fährt. Die Übergangsbedingung kann mit der folgenden Gleichung bestimmt werden:

$$H_{ij}(x) = 0 \tag{10.3}$$

Es wird angenommen, dass die Systeme bei $t = t_{ij}$ stetig sind. Es gilt

$$\mathbf{A_i x}(t_{ij}^-) + \mathbf{b_i} = \mathbf{A_j x}(t_{ij}^+) + \mathbf{b_j} \tag{10.4}$$

Diese stetigen stückweise linearen Syteme können eine reichhaltige Dynamik aufweisen: mehrere Gleichgewichtslagen, Grenzzyklen und chaotische Schwingungen. Die Eigenschaften der zwei ersten Lösungsarten können mit Hilfe direkter numerischer Simulation nur dann ermittelt werden, falls sie stabil sind. Das Newtonverfahren bietet sich an, um instabile Grenzzyklen zu ermitteln.

Das klassische Verfahren hat einen wesentlichen Vorteil und zwei bekannte Nachteile. Dieser Algorithmus konvergiert quadratisch, was extrem effizient ist. Aus diesem Grund ist er sehr verbreitet. Eine Sammlung von originalen Anwendungen wird von BELLMANN [4] angeboten. Es können zum Beispiel die Koeffizienten der Fourierreihe eines periodischen Signals gefunden werden.

Es ist aber von Nachteil, dass es ein lokales Verfahren ist. Demzufolge soll eine relativ gute Näherung der gesuchten Lösung vorhanden sein. Außerdem ist das klassische Newtonsche

Verfahren nur für glatte Funktionen geeignet, weil die Jakobi-Matrix mitberechnet werden soll.

Um diese zwei Nachteile zu umgehen, gibt es zwei Möglichkeiten. Die erste besteht darin, ein anderes Optimierungsverfahren auszuwählen. Ein Beispiel wäre ein genetischer Algorithmus, in der Ausführung mit realen Zahlen. Das Buch von HAUPT [28] bietet eine sehr klare Einführung in diese Thematik.

In dieser Arbeit wurde entschieden, das Newtonverfahren aufgrund seiner Recheneffizienz zu behalten. Die Methode der harmonischen Balance wird konsequent eingesetzt, um eine Näherungslösung zu finden. Außerdem werden Methoden der nichtglatten Mechanik angewendet, um die Jacobi-Matrix richtig zu berechnen.

Als Basis für das Newtonverfahren wird der Algorithmus von PARKER und CHUA [67] für die Suche nach einem Grenzzyklus vorgestellt. Zur richtigen Berechnung der Jacobi-Matrix wird ein Korrekturverfahren verwendet, dass in DI BERNARDO [5] oder in MÜLLER [61] zusammengefasst wird. Die Kombination dieser zwei Methoden zu diesem Zweck wurde bereits bei ADOLFSSON [1] erfolgreich verwendet. Im nächsten Abschnitt wird diese Methode zusammengefasst.

10.1 Suche nach dem Grenzzyklus in einem glatten homogenen System

Im Buch vom PARKER und CHUA wird diese Methode „autonomes Schießverfahren“ genannt (siehe S. 120).

Sei ein System beschrieben durch ein System von autonomen Differentialgleichungen erster Ordnung mit Anfangsbdingungen.

$$\dot{\mathbf{x}} = \mathbf{f}(\mathbf{x}), \quad \mathbf{x}(t=0) = \mathbf{x_T} \tag{10.5}$$

Es wird angenommen, dass ein Grenzzyklus eine Lösung von diesem System ist. Dann kann einen Fluss definiert werden, der der Lösung dieser Differentialgleichung entspricht.

$$\mathbf{x}(t) = \varphi(\mathbf{x_T}, t) \tag{10.6}$$

Es werden also die Anfangsbedingungen $\mathbf{x_T}$ und die Periode T gesucht, so dass die folgende Funktional null wird.

$$J(\mathbf{x_T}, T) = \varphi(\mathbf{x_T}, T) - \mathbf{x_T} = 0 \tag{10.7}$$

Jeder Punkt des Zyklus ist eine Lösung für diese Gleichung. Um die Lösung eindeutig zu bestimmen, wird eine Poincaré-Fläche im Phasenraum definiert, worauf die Lösung sich befinden muss. Die Fläche lautet:

$$H(\mathbf{x}) = 0 \tag{10.8}$$

Seien $\mathbf{x_0}$ und T_0 Näherungen von $\mathbf{x_T}$ und T. Die Abweichungen $\boldsymbol{\delta}\mathbf{x}$ und δT werden folgenderweise definiert

$$\begin{aligned} \mathbf{x_T} &= \mathbf{x_0} + \boldsymbol{\delta}\mathbf{x} \\ T &= T_0 + \delta T \end{aligned} \tag{10.9}$$

Das Funktional (10.7) und die Poincaré-Fläche (10.8) lassen sich in eine Taylorreihe entwickeln:

$$\begin{aligned} J(\mathbf{x_0}, T_0) + \left(\frac{\partial J}{\partial \mathbf{x}}\right)_{\mathbf{x_0}} \boldsymbol{\delta}\mathbf{x} + \left(\frac{\partial J}{\partial t}\right)_{T_0} \delta T &= 0 \\ H(\mathbf{x_0}) + \left(\frac{\partial H}{\partial \mathbf{x}}\right)_{\mathbf{x_0}} \boldsymbol{\delta}\mathbf{x} &= 0 \end{aligned} \tag{10.10}$$

Die linearen Gleichungen (10.10) lassen sich in Matrizenschreibweise darstellen:

$$\begin{bmatrix} \left(\frac{\partial \varphi}{\partial \mathbf{x}}\right)_{\mathbf{x_0},T_0} - \mathbf{E} & \left(\frac{\partial \varphi}{\partial t}\right)_{\mathbf{x_0},T_0} \\ \left(\frac{\partial H}{\partial \mathbf{x}}\right)_{\mathbf{x_0}} & 0 \end{bmatrix} \begin{bmatrix} \boldsymbol{\delta}\mathbf{x} \\ \delta T \end{bmatrix} = - \begin{bmatrix} \varphi(\mathbf{x_0}, T_0) - \mathbf{x_0} \\ H(\boldsymbol{x_0}) \end{bmatrix} \tag{10.11}$$

Alle diese Gleichungen gelten für glatte Systeme. Wenn das System nichtglatt ist, dann stellt sich die Frage, was die Matrix $\left(\frac{\partial \varphi}{\partial \mathbf{x}}\right)_{\mathbf{x_0},T_0}$ und der Vektor $\left(\frac{\partial \varphi}{\partial t}\right)_{\mathbf{x_0},T_0}$ bedeuten.

$\left(\frac{\partial \varphi}{\partial t}\right)_{\mathbf{x_0},T_0}$ lässt sich sofort bestimmen, weil eine Poincaré-Fläche immer gewählt werden darf, so dass die folgende Gleichung sinvoll ist, auch wenn f nicht glatt ist.

$$\left(\frac{\partial \varphi}{\partial t}\right)_{\mathbf{x_0},T_0} = f(\varphi(\mathbf{x_0}, T_0)) \tag{10.12}$$

Die Bestimmung der Jacobi-Matrix wird im nächsten Abschnitt betrachtet.

10.2 Korrektur der Jacobimatrix

Bei glatten Systemen ist die Jacobi-Matrix überall definiert. Bei stückweise glatten Systemen ist sie stückweise definiert. Um sie zu einer gewissen Zeit t zu bestimmen, ist es nicht zweckmäßig, alle Jacobi-Matrizen von den Bereichen, wodurch die Trajektorie fließt, miteinander chronologisch zu multiplizieren. Die $\mathbf{A_i}$ sind die Systemmatrizen von den Bereichen, wodurch das Fluss geflossen ist, beginnnend bei $\mathbf{A_0}$ bei $t = 0$. $\mathbf{A_n}$ wird bei bei $t = T_0$ erreicht.

$$\left(\frac{\partial \varphi}{\partial \mathbf{x}}\right)_{\mathbf{x_0},T_0} = \mathbf{A_n} \dots \mathbf{A_1}\mathbf{A_0} \tag{10.13}$$

Im Allgemeinen gilt die Beziehung (10.13) nicht. Bei jedem Übergang muss noch eine Korrektumatrix eingefügt werden, eine sogenannte Sprungmatrix. Auf die Herleitung der allgemeinen Formel der Sprungmatrix wird hier verzichtet. Sie kann in DI BERNARDO [5] oder ADOLFSSON [1] gefunden werden.

Die korrekte Jacobimatrix lautet, mit $\mathbf{Q_{ij}}$ die Korrekturmatrix für den Übergang von Bereich i zum Bereich j:

$$\left(\frac{\partial\varphi}{\partial\mathbf{x}}\right)_{\mathbf{x_0},T_0} = \mathbf{A_n}\dots\mathbf{Q_{12}A_1Q_{01}A_0} \tag{10.14}$$

Die Sprungmatrix hat eine besonders einfache Struktur.

$$\mathbf{Q_{ij}} = \mathbf{E} + \frac{((\mathbf{A_j}-\mathbf{A_i})\mathbf{x}(t_{ij})+\mathbf{b_j}-\mathbf{b_i})\left(\frac{\partial H}{\partial\mathbf{x}}\right)_{\mathbf{x(t_{ij})}}}{\left(\frac{\partial H}{\partial\mathbf{x}}\right)_{\mathbf{x(t_{ij})}}(\mathbf{A_i}\mathbf{x}(t_{ij})+\mathbf{b_i})} \tag{10.15}$$

Falls das System wie (10.4) stetig ist, ist $\mathbf{Q_{ij}}$ die Einheitsmatrix. Für diese stetigen Systeme ist die Beziehung (10.13) doch korrekt.

11 Verhalten linearer Systeme

In Kapitel 9 wurden Methoden erwähnt, um Systeme von linearen Differentialgleichungen zu erzeugen. In dem vorliegenden Kapitel werden lineare Systeme mit konstanten Koeffizienten untersucht. Das Ziel besteht darin, ein einfaches grafisches Kriterium herzuleiten, um die asymptotische Stabilität und die monotone aperiodische Sprungantwort im Parameterraum leicht vorhersagen zu können. Dafür sind die folgenden Schritte notwendig.

Die linearen Differentialgleichungssysteme werden in dieser Arbeit in Zustandsform dargestellt. Die Begründung liegt darin, dass schwerpunktmäßig geregelte Systeme untersucht werden, wofür diese Schreibweise geeignet ist. Eine Variante der Zustandsform ist die Regelungsnormalform, die im engen Zusammenhang mit dem charakteristischen Polynom ist. Alle diese Konzepte werden in den Abschnitten 11.1 und 11.2 erläutert.

Die wichtigste Eigenschaft eines technischen Systems ist Stabilität. Allerdings ist Stabilität ein vielseitiges Wort, wie z.B. THOMSEN (S. 213) [87] es beschreibt. Die Definition nach Ljapunow wird im Abschnitt 11.3 rekapituliert. Es gibt Kriterien, um die Stabilität anhand der Systemparameter zu bestimmen. Die Parameter des Systems lassen sich sehr kompakt als die Koeffizienten des charakteristischen Polynoms zusammenfassen. In der vorliegenden Arbeit wird dieser Parameterraum immer bevorzugt. Die Version von LIÉNARD und CHIPART [47], wie sie von WAUER, WEDIG [77] wiedergegeben wird, wird angewendet.

SEYRANIAN [81] gibt eine geschickte Herleitung der Stabilitätskriterien, die für eine grafische Darstellung sehr geeignet ist. Er betrachtet die Stabilitätsgrenze als eine Hyperfläche des Parameterraums. Diese Idee wird in diesem Kapitel aufgegriffen.

Ein weiteres Merkmal linearer asymptotisch stabiler Systeme ist die Sprungantwort, welche in Abschnitt 11.4 diskutiert wird. Es ist damit Folgendes gemeint. Das lineare System hat eine Gleichgewichtslage wegen konstanter äußerer Anregung erreicht. Wenn sie sprungartig einen anderen Wert annimmt, dann ändern sich die Zustandsgrößen und nähern sich asymptotisch der neuen Gleichgewichtslage. Dieses transiente Verhalten kann unterschiedliche Gestalten aufweisen, je nach Systemparameter und betrachteter Zustandsgröße: Aperiodisch oder nicht, monoton oder nicht, mit oder ohne Überschwinger.

Überschwinger sind eher unerwünscht und es wird in dieser Arbeit eine Methode vorgeschlagen, um sie zu vermeiden, basierend auf der folgenden Idee: Wenn eine Zustandsgröße aperiodisch und monoton auf einen Sprung der Anregung antwortet, dann weist sie keinen Überschwinger auf.

Ähnlich wie die Stabilität, kann die Aperiodizität des Systems mit einem Kriterium (FULLER [22]) bestimmt werden. Anschließend dazu kann die Idee von SEYRANIAN erweitert und zur grafischen Darstellung der Grenzen für Aperiodizität des Systems im Parameterraum angewendet werden.

Falls das ganze System aperiodisches Zeitverhalten aufweist, wird in dieser Arbeit eine notwendige und hinreichende Bedingung hergeleitet, damit eine gewählte Zustandsgröße monoton und aperiodisch auf einen Anregungssprung reagiert.

Die grafische Darstellung der Grenzen für Stabilität und für aperiodische Sprungantwort im Parameterraum werden Verhaltenskarten genannt. Sie werden für Systeme von 2. bis 4. Ordnung in den Abschnitten 11.5 bis 11.7 gegeben. Damit können die wesentlichen Eigenschaften eines linearen Systems direkt abgelesen werden. Mit Hilfe der erwähnten zusätzlichen Bedingung können Systeme, für die eine gewählte Zustandsgröße keinen Überschwinger aufweisen darf, einfach ausgelegt werden.

Auf die Darstellung der Verhaltenskarte 5. Ordnung wird verzichtet, weil die Hyperfläche für aperiodische Sprungantwort sich nur numerisch und nicht mehr analytisch bestimmen lässt.

11.1 Matrizenschreibweise von linearen Systemen

In diesem Abschnitt wird das lineare System von Differentialgleichungen in Zustandsform gegeben. Es wird bezüglich der Zeit skaliert, damit das charakteristische Polynom vereinfacht wird. Es wird anschließend erklärt, wie das System in Regelungsnormalform gebracht werden kann. Es wird bewiesen, dass die Parameter des Systems so gewählt werden können, dass für eine ausgewählte Zustandsgröße diese Transformation nur eine Multiplikation mit einer Konstante zur Folge hat.

11.1.1 Zustandsform

Die Gleichung (11.1) gilt als allgemeines mathematisches Modell für die Systeme, die in diesem Teil untersucht werden sollen. Das System wird in Zustandsform dargestellt. $\mathbf{x}(t)$ ist ein reeller Vektor der Länge $n \in \mathbb{N}^*$.

$$\mathbf{x}(t) = \begin{bmatrix} x_1(t) & x_2(t) & \dots & x_n(t) \end{bmatrix}^{\mathrm{T}}$$

$\mathbf{A}$ ist eine reelle, zeitinvariante quadratische Matrix in $\mathcal{M}_n(\mathbb{R})$. $\mathbf{b}$ ist ein reeller Vektor in $\mathcal{M}_{n,1}(\mathbb{R})$ und $h\,(t)$ die Sprungfunktion, die in (11.2) gegeben wird.

$$\begin{aligned} \frac{\mathrm{d}\mathbf{x}(t)}{\mathrm{d}t} &= \mathbf{A}\mathbf{x}(t) + \mathbf{b}h\,(t) \\ \mathbf{x}(0) &= -\mathbf{A}^{-1}\mathbf{b}h(0) \end{aligned} \tag{11.1}$$

$$h(t) = \begin{cases} -1 & \text{wenn } t \leq 0 \\ 0 & \text{wenn } t > 0 \end{cases} \tag{11.2}$$

Es werden zwei Annahmen bezüglich **A** getroffen:

- $(-1)^n \det(\mathbf{A}) > 0$. Damit wird einerseits gewährleistet, dass **A** invertierbar ist. Andererseits ist es eine notwendige Bedingung der asymptotischen Stabilität des Systems. Es hat aber zur Folge, dass alle Eigenwerte des System ungleich Null sind (siehe (11.27)).
- Das System ist steuerbar. Dies bedeutet konkret, dass das System von einem Anfangszustand zu einem anderen Zustand mit geschickt gewähltem Steuergröße $u(t)$ anstatt Sprungfunktion $h(t)$ gebracht werden kann. Siehe Abschnitt 12.2 für ausführlichere Information.

11.1.2 Günstige Zeitskala für die Zustandsform

Zunächst wird das System bezüglich der Zeit dimensionslos gemacht. Sei $t = \tau T_0$. τ ist die dimensionslose Zeit. Die Normierungszeit ist T_0. Es gilt:

$$T_0 = \left((-1)^n \det(\mathbf{A})\right)^{-\frac{1}{n}} \tag{11.3}$$

Damit lassen sich **A** und **b** transformieren

$$\begin{aligned} \mathbf{A_1} &= \left((-1)^n \det(\mathbf{A})\right)^{-\frac{1}{n}} \mathbf{A} \\ \mathbf{b_1} &= \left((-1)^n \det(\mathbf{A})\right)^{-\frac{1}{n}} \mathbf{b} \end{aligned} \tag{11.4}$$

Das System im Zustandsform lautet jetzt:

$$\begin{aligned} \frac{\mathrm{d}\mathbf{x}(\tau)}{\mathrm{d}\tau} &= \mathbf{A_1}\mathbf{x} + \mathbf{b_1} h\,(\tau) \\ \mathbf{x}(0) &= \mathbf{A_1}^{-1}\mathbf{b_1} \end{aligned} \tag{11.5}$$

Die Steuerbarkeitsmatrix wird von FÖLLINGER [20] folgenderweise definiert:

$$\begin{aligned} \mathbf{Q} &= \begin{bmatrix} \mathbf{b_1} & \mathbf{A_1}\mathbf{b_1} & \mathbf{A_1}^2\mathbf{b_1} & \dots & \mathbf{A_1}^{n-2}\mathbf{b_1} & \mathbf{A_1}^{n-1}\mathbf{b_1} \end{bmatrix} \\ &= \begin{bmatrix} Q_{1,1} & \dots & Q_{1,n} \\ \vdots & \ddots & \vdots \\ Q_{n,1} & \dots & Q_{n,n} \end{bmatrix} \end{aligned} \tag{11.6}$$

Sie ist invertierbar, weil angenommen wurde, dass das System steuerbar ist. Damit lässt sich das System in Regelungsnormalform bringen.

11.1.3 Regelungsnormalform

In FÖLLINGER [20] wird erklärt, wie das System (11.5) in Regelungsnormalform (11.8) mit Hilfe der Transformationsmatrix $\mathbf{T_2}$ (11.9) transformiert werden kann. Im Grunde genommen wird das System als Kette von Integratoren dargestellt und die Anregung findet nur bei der letzten Zustandsgröße (die mit der höchsten Ableitung) statt. Die Variablentransformation und der neue Zustandsvektor lauten:

$$\begin{aligned}\mathbf{z}(\tau) &= \mathbf{T_2}\mathbf{x}(\tau)\\ \mathbf{z}(\tau) &= \begin{bmatrix} z_1(\tau) & \dots & z_{n-1}(\tau) & z_n(\tau)\end{bmatrix}^T\end{aligned} \tag{11.7}$$

Die damit transformierte Gleichung lautet:

$$\dot{\mathbf{z}}(\tau) = \mathbf{A_2}\mathbf{z}(\tau) + \mathbf{b_2}h\,(\tau) \tag{11.8}$$

Die Transformationsmatrix $\mathbf{T_2}$ lautet:

$$\mathbf{T_2} = \begin{bmatrix} \mathbf{t_2}^T \\ \mathbf{t_2}^T\mathbf{A_1} \\ \vdots \\ \mathbf{t_2}^T\mathbf{A_1}^{n-2} \\ \mathbf{t_2}^T\mathbf{A_1}^{n-1} \end{bmatrix} \tag{11.9}$$

Der Vektor $\mathbf{t_2}^T$ ist die letzte Zeile der inversen Steuerbarkeitsmatrix $\mathbf{Q}^{-1}$. Er lässt sich folgenderweise bestimmen:

$$\mathbf{b_2} = \mathbf{T_2}\mathbf{b_1} = \begin{bmatrix} 0 & \dots & 0 & 1\end{bmatrix}^T \tag{11.10}$$

Die reelle zeitinvariante Matrix $\mathbf{A_2}$ lautet:

$$\begin{aligned}\mathbf{A_2} =& \mathbf{T_2}\mathbf{A_1}\mathbf{T_2}^{-1} = \\ & \begin{bmatrix} 0 & 1 & 0 & \dots & 0 & 0 \\ 0 & 0 & 1 & \dots & 0 & 0 \\ \vdots & \vdots & \vdots & \ddots & \vdots & \vdots \\ 0 & 0 & 0 & \dots & 1 & 0 \\ 0 & 0 & 0 & \dots & 0 & 1 \\ -1 & -a_{n-1} & -a_{n-2} & \dots & -a_2 & -a_1 \end{bmatrix}\end{aligned} \tag{11.11}$$

Die Koeffizienten der letzten Zeile sind gerade die Koeffizienten des charakteristischen Polynoms von $\mathbf{A_1}$. Im nächsten Abschnitt wird das charakteristische Polynom definiert und explizit geschrieben.

Es kann festgestellt werden, dass die Matrix der Eigenvektoren von $\mathbf{A_2}$ eine Vandermonde-Matrix ist, wenn alle Eigenwerte $\lambda_i, i \in [\![1; n]\!]$ unterschiedlich sind.

$$V = \begin{bmatrix} 1 & 1 & 1 & \dots & 1 & 1 \\ \lambda_1 & \lambda_2 & \lambda_3 & \dots & \lambda_{n-1} & \lambda_n \\ \vdots & \vdots & \vdots & \ddots & \vdots & \vdots \\ \lambda_1^{n-3} & \lambda_2^{n-3} & \lambda_3^{n-3} & \dots & \lambda_{n-1}^{n-3} & \lambda_n^{n-3} \\ \lambda_1^{n-2} & \lambda_2^{n-2} & \lambda_3^{n-2} & \dots & \lambda_{n-1}^{n-2} & \lambda_n^{n-2} \\ \lambda_1^{n-1} & \lambda_2^{n-1} & \lambda_3^{n-1} & \dots & \lambda_{n-1}^{n-1} & \lambda_n^{n-1} \end{bmatrix} \tag{11.12}$$

Es ist bemerkenswert, dass die transformierte Zustandsgröße $z_1(\tau)$ im Allgemeinen eine lineare Kombination der Komponenten des urpsrünglichen Zustandsgrößenvektors $\mathbf{x}(\tau)$ ist. Es gibt aber Fälle, wo $z_1(\tau)$ proportional zu einer einzigen ursprünglichen Zustandsgröße, zum Beispiel $x_n(\tau)$, ist. Die Bedingungen für die Existenz dieser Fälle lassen sich folgenderweise bestimmen.

Theorem 1. *Sei das System in Zustandsform (11.5) und die entsprechende Regelungsnormalform (11.8) sei gegeben mit:*

$$\frac{\mathrm{d}\mathbf{x}(\tau)}{\mathrm{d}\tau} = \mathbf{A_1}\mathbf{x}(\tau) + \mathbf{b_1}h(\tau)$$

$z_1(\tau)$ *ist proportional zu* $x_n(\tau)$ *wenn und nur wenn die Beobachtbarkeitsmatrix* $\mathbf{Q}$ *bestimmte Eigenschaften besitzt. Es gilt:*

$$\begin{aligned} z_1(\tau) = \frac{1}{Q_{n,n}} x_n(\tau) \quad \Leftrightarrow \forall j \in [\![1, n-1]\!], Q_{n,j} = 0 \\ Q_{n,n} \neq 0 \end{aligned} \tag{11.13}$$

Beweis. Sei

$$\mathbf{e_n} = \begin{bmatrix} 0 & 0 & \dots & 0 & 1 \end{bmatrix}^T$$

Um die hinreichende Bedingung zeigen zu können, wird zunächst angenommen, dass die Beziehungen (11.13) für $\mathbf{Q}$ gelten. Die Transformationsmatrix $\mathbf{T_2}$ bringt das System (11.5) in Regelungsnormalform. Es gilt:

$$\mathbf{z}(\tau) = \mathbf{T_2}\mathbf{x}(\tau) \tag{11.14}$$

Die Gleichung (11.10) kann folgenderweise umgeformt werden:

$$\begin{aligned} &\mathbf{T_2}\mathbf{b_1} && = \mathbf{e_n} \\ \Leftrightarrow &\mathbf{Q}^T\mathbf{t_2} && = \mathbf{e_n} \\ \Leftrightarrow &\begin{bmatrix} Q_{1,1} & Q_{2,1} & \dots & Q_{n-1,1} & 0 \\ Q_{1,2} & Q_{2,2} & \dots & Q_{n-1,2} & 0 \\ \vdots & \vdots & \ddots & \vdots & \vdots \\ Q_{1,n-1} & Q_{2,n-1} & \dots & Q_{n-1,n-1} & 0 \\ Q_{1,n} & Q_{2,n} & \dots & Q_{n-1,n} & Q_{n,n} \end{bmatrix} \mathbf{t_2} && = \mathbf{e_n} \end{aligned} \tag{11.15}$$

Da $\mathbf{Q}$ invertierbar ist, ergibt sich aus (11.15), dass $\mathbf{t_2}$ unbedingt proportional zu $\mathbf{e_n}$ sein soll. Es gilt:

$$\mathbf{t_2} = \frac{1}{Q_{n,n}}\mathbf{e_n} \tag{11.16}$$

Aus den Gleichungen (11.14) und (11.9) kann dann direkt abgelesen werden, dass

$$z_1(\tau) = \frac{1}{Q_{n,n}}x_n(\tau). \tag{11.17}$$

Um die nötige Bedingung zu zeigen, wird jetzt angenommen, dass für ein $\alpha \in \mathbb{R}^*$, das noch zu bestimmen ist, gilt:

$$z_1(\tau) = \alpha x_n(\tau) \tag{11.18}$$

Die Transformationsmatrix $\mathbf{T_2}$ bringt das System (11.5) in Regelungsnormalform.Es gilt:

$$\mathbf{z}(\tau) = \mathbf{T_2}\mathbf{x}(\tau) \tag{11.19}$$

Aus (11.18) und aus der ersten Zeile von (11.19) gilt

$$\mathbf{t_2}^T = \alpha\mathbf{e_n}^T \tag{11.20}$$

Die Gleichung (11.10) kann folgenderweise umgeformt werden:

$$\begin{aligned} \mathbf{T_2}\mathbf{b_1} &= \mathbf{e_n} \\ \Leftrightarrow \mathbf{Q}^T\mathbf{t_2} &= \mathbf{e_n} \end{aligned} \tag{11.21}$$

Wird Gleichung (11.20) in (11.21) eingefügt, ergibt sich

$$\mathbf{Q}^T\mathbf{e_n} = \frac{1}{\alpha}\mathbf{e_n} \tag{11.22}$$

Gleichung (11.22) bedeutet, dass die letzte Spalte von $\mathbf{Q}^T$ proportional zu $\mathbf{e_n}$ ist. Der Proportionalitätskoeffizient α lautet:

$$\alpha = \frac{1}{Q_{n,n}} \tag{11.23}$$

Das Theorem ist damit bewiesen.

□

11.2 Charakteristisches Polynom und Eigenwerte

Im vorherigen Abschnitt wird erwähnt, dass die Regelungsnormalform und das charakteristische Polynom der Systemmatrix $\mathbf{A_1}$ eng miteinander verbunden sind. In diesem Abschnitt wird die klassische Definition des charakteristischen Polynoms gegeben. Da die Wurzel des Polynoms (die Eigenwerte des Systems) von großer Bedeutung in der Analyse von linearen Differentialgleichungen sind, wird an die Vietaschen Beziehungen zwischen Wurzeln und Koeffizienten eines Polynoms errinert.

Es wird gezeigt, dass eine qualitative Änderung des Systemverhaltens wie Stabilitätsverlust in erster Linie auf die Eigenschaften eines Wurzelpaares zurückzuführen ist (es wurde $\det \mathbf{A} \neq 0$ angenommen). Es bietet sich dann an, weitere Beziehungen zwischen Wurzeln und Koeffizienten herzuleiten, in denen dieses Wurzelpaar hervorgehoben werden.

11.2.1 Das dimensionslose charakteristische Polynom

Die Definition des charakteristischen Polynoms und der Eigenwerte wie Korn [38] sie gibt lauten:

Definition 1. *Das charakteristische Polynom $P_{A_1}(\lambda)$, $\lambda \in \mathbb{C}$, der quadratischen $n \times n$ Matrix $\mathbf{A_1}$ wird durch die folgende Beziehung definiert:*

$$P_{A_1}(\lambda) = \det(\lambda \mathbf{I} - \mathbf{A_1}) \tag{11.24}$$

wobei $\mathbf{I}$ die $n \times n$ Einheitsmatrix ist.

Die Zeitskala (11.3) wurde so gewählt, dass das charakteristische Polynom von $\mathbf{A_1}$ lautet:

$$P_{A_1}(\lambda) = \lambda^n + \sum_{j=1}^{n-1} a_j \lambda^{n-j} + 1 \tag{11.25}$$

wobei die a_j insgesamt $n-1$ reelle Koeffizienten sind.

Definition 2. *Die Eigenwerte der quadratischen $n \times n$ Matrix $\mathbf{A_1}$ sind die Wurzel ihres charakteristischen Polynoms $P_{A1}(\lambda)$.*

11.2.2 Klassische Beziehungen zwischen Wurzeln und Koeffizienten

In diesem Abschnitt werden die klassischen (Vietaschen) Beziehungen zwischen Koeffizienten und Wurzel eines Polynoms ermittelt, wie sie zum Beispiel in Korn [38] zu finden sind.

Der Fundamentalsatz der Algebra (siehe KORN [38]) garantiert, dass das charakteristische Polynom n-ter Ordnung (11.25) gerade n Wurzeln in $\mathbb{C}$, die λ_j genannt werden, besitzt. Es lässt sich dadurch umschreiben in:

$$P_n(\lambda) = \prod_{j=1}^{n} (\lambda - \lambda_j) \tag{11.26}$$

Dadurch ergeben sich die Beziehungen zwischen Wurzeln und Koeffizienten:

$$\begin{aligned} a_0 &= 1 \\ a_1 &= -(\lambda_1 + \lambda_2 + \cdots + \lambda_n) \\ a_2 &= \lambda_1\lambda_2 + \lambda_1\lambda_3 + \ldots \\ a_3 &= -(\lambda_1\lambda_2\lambda_3 + \lambda_1\lambda_2\lambda_4 + \ldots) \\ &\vdots \\ a_n &= (-1)^n \prod_{j=1}^{n} \lambda_j = 1 \end{aligned} \tag{11.27}$$

Aus der letzten Beziehung kann sofort erkannt werden, dass nur Systeme mit allen Eigenwerten ungleich Null betrachtet werden, wie es am Anfang angenommen worden ist.

11.2.3 Weitere Beziehungen zwischen Wurzeln und Koeffizienten

Im nächsten Abschnitt wird gezeigt, dass das Verhalten des Systems sich qualitativ ändert, wenn zwei aus den n Wurzeln besondere Eigenschaften haben. Es ist also natürlich das charakteristische Polynom (11.25) so umzuformen, dass ein Wurzelpaar gesondert behandelt werden kann. Wir nehmen an, dass $n \geq 2$ ist. Sei $m = n - 2$, $n \in \mathbb{N}$

$$\begin{aligned} P_n(\lambda) &= B(\lambda)C(\lambda) \\ B(\lambda) &= \lambda^m + b_1\lambda^{m-1} + \cdots + b_{m-1}\lambda + b_m \\ C(\lambda) &= \lambda^2 + c_1\lambda + c_2 \end{aligned} \tag{11.28}$$

Das Polynom $C(\lambda)$ beinhaltet die Wurzeln, die in erster Linie die qualitativen Veränderungen des Systemverhaltens bei Änderung der Systemparameter verursachen. Die Wurzeln von $B(\lambda)$ können auch dazu beitragen, aber zweitrangig. Es wird später anhand konkreter Fälle zu erkennen sein.

Es lässt sich rekursiv zeigen, dass zwischen den Koeffizienten a_j, b_j und c_1, c_2 von $P(\lambda)$, $B(\lambda)$ und $C(\lambda)$ folgende Beziehungen gelten:

$$\begin{aligned} a_1 &= c_1 + b_1 \\ a_2 &= c_2 + b_1 c_1 + b_2 \\ a_3 &= b_1 c_2 + b_2 c_1 + b_3 \\ &\vdots \\ a_{n-2} &= b_{m-2} c_2 + b_{m-1} c_1 + b_m \\ a_{n-1} &= b_{m-1} c_2 + b_m c_1 \\ a_n = 1 &= b_m c_2 \end{aligned} \tag{11.29}$$

Sie werden im nächsten Abschnitt verwendet.

11.3 Stabilität

Stabilität ist ein vielseitiges Wort, das unterschiedliche Konzepte in sich birgt (siehe THOMSEN [87]). In diesem Abschnitt wird ein Teil der Ljapunowschen Theorie über Stabilität zusammengefasst.

11.3.1 Definition

Sei $\mathbf{x_1}(t)$ eine Lösung von (11.1) bei $t \geq 0$, deren Stabilität zu untersuchen ist. Wir geben hier die Definition der Stabilität nach Ljapunow, wie sie in MALKIN [57] oder HAGEDORN [27] zu finden ist.

Definition 3. $\mathbf{x_1}(t)$ *ist stabil, wenn*

$$\forall \varepsilon > 0 \quad \exists \delta_\varepsilon, \quad |\mathbf{x}(t = t_0) - \mathbf{x_1}(t = t_0)| < \delta_\varepsilon \Rightarrow |\mathbf{x}(t) - \mathbf{x_1}(t)| < \varepsilon \quad \forall t \geq t_0$$

Definition 4. $\mathbf{x_1}(t)$ *is attraktiv, wenn*

$$\exists \varepsilon > 0, \quad |\mathbf{x}(t = t_0) - \mathbf{x_1}(t = t_0)| < \varepsilon \Rightarrow \lim_{t \to +\infty} |\mathbf{x}(t) - \mathbf{x_1}(t)| = 0$$

Definition 5. $\mathbf{x_1}(t)$ *is asymptotisch stabil, wenn sie stabil und attraktiv ist.*

Die Stabilität einer Lösung wird also als Empfindlichkeit gegenüber einer Störung der Anfangsbedingungen betrachtet.

11.3.2 Stabilitätskriterium

Die asymptotische Stabilität von linearen Systemen ist von den Eigenschaften der Wurzeln des charakteristischen Polynoms abhängig. *Das System ist asymptotisch stabil, wenn und nur wenn alle Wurzeln des charakteristischen Polynoms einen negativen Realeil haben [57].*

Die Ermittlung aller Wurzeln ist nicht nötig. Routh [79], gefolgt von Hurwitz [30] und Liénard mit Chipart [47] haben Kriterien gegeben, um anhand der Koeffizienten des Polynoms auf die asymptotische Stabilität des Systems einfach zurückzuschließen. Das letzte Kriterium wird verwendet, wie es im Skript von Wauer und Wedig [77] zu finden ist.

Die Hurwitz-Matrix **H** des Polynoms wird folgenderweise definiert:

$$\begin{aligned}\mathbf{H} &= (h_{i,j})_{i\in[\![1,n]\!],j\in[\![1,n]\!]} \\ &= \begin{bmatrix} a_1 & a_3 & a_5 & \dots & 0 & 0 \\ 1 & a_2 & a_4 & \dots & 0 & 0 \\ 0 & a_1 & a_3 & \dots & 0 & 0 \\ \vdots & \vdots & \vdots & \ddots & \vdots & \vdots \\ 0 & 0 & 0 & \dots & a_{n-1} & 0 \\ 0 & 0 & 0 & \dots & a_{n-2} & 1 \end{bmatrix}\end{aligned} \tag{11.30}$$

Sei H_k die Determinante der linken oberen Teilmatrix von **H**.

$$H_k = \det\left(\begin{bmatrix} h_{1,1} & \dots & h_{1,k} \\ \vdots & \ddots & \vdots \\ h_{k,1} & \dots & h_{k,k} \end{bmatrix}\right) \tag{11.31}$$

Es gibt $n-1$ Ungleichungen, die die notwendigen und hinreichenden Bedingungen der asymptotischen Stabilität bilden. Die n. Bedingung ist wegen der Normierung des Systems immer erfüllt.

$$\begin{aligned} H_{n-1} &> 0 \\ a_{n-2} &> 0 \\ H_{n-3} &> 0 \\ &\vdots \end{aligned} \tag{11.32}$$

Mit diesem Kriterium kann die asymptotische Stabilität von jedem Punkt im Parameterraum $\{a_j\}, j \in [\![1; n-1]\!]$ geprüft werden. Sie bilden einen Raum, deren Grenzen noch zu bestimmen sind. Im nächsten Abschnitt wird es getan.

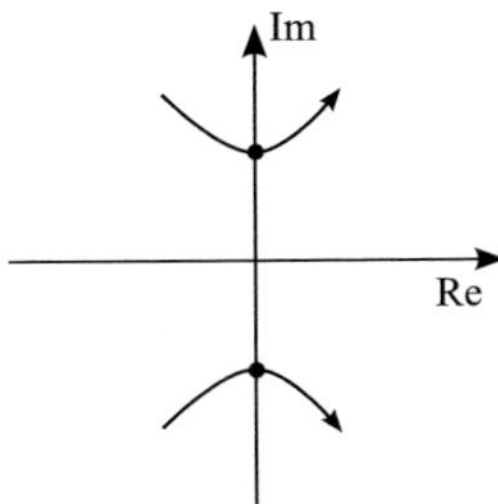

Bild 11.1: Stabilitätsverlust eines Wurzelpaares

11.3.3 Stabilitätsgrenze

In diesem Kapitel wird die Idee von SEYRANIAN [81] vorgestellt. Im Grunde genommen werden die Eigenwerte als gegeben betrachtet. Damit kann die Stabilitätsgrenze als eine Hyperfläche im Raum der Koeffizienten des charakteristischen Polynoms a_j parametrisch bestimmt werden.

Die Grenze für die Stabilität entspricht dem Fall, wo mindestens zwei konjugiert komplexe Wurzel rein imaginär sind, weil es angenommen wurde, dass Null kein Eigenwert sein darf. Diese Lage ist im Bild 11.1 dargestellt. Bei Stabilitätsverlust (Flattern) wandert ein Paar von Wurzeln unter Variation der Systemparameter von der linken komplexen Halbebene in die rechte komplexe Halbebene.

Es empfiehlt sich also, das charakteristische Polynom (11.25) so umzuformen, dass diese grenzstabilen Wurzeln $\pm i\mu_1$ gesondert behandelt werden können, wie es in (11.28) gemacht worden ist. $C(\lambda)$ und seine Koeffizienten c_1 und c_2 lauten in diesem Fall:

$$\begin{aligned} C(\lambda) &= (\lambda - i\mu_1)(\lambda + i\mu_1) \\ C(\lambda) &= \lambda^2 + c_1\lambda + c_2 \\ c_1 &= 0 \\ c_2 &= \mu_1^2 = \frac{1}{b_m} \end{aligned} \tag{11.33}$$

wobei $\mu_1 \in]-\infty, 0[$
In diesem Fall lassen sich die Gleichungen (11.29) vereinfachen

$$\begin{aligned} a_1 &= b_1 \\ a_2 &= \frac{1}{b_m} + b_2 \\ a_3 &= \frac{b_1}{b_m} + b_3 \\ &\vdots \\ a_{n-2} &= \frac{b_{m-2}}{b_m} + b_m \\ a_{n-1} &= \frac{b_{m-1}}{b_m} \\ \frac{1}{b_m} &= \mu_1^2 \end{aligned} \tag{11.34}$$

11.4 Sprungantwort von linearen Systemen

In dem vorigen Abschnitt werden notwendige und hinreichende Bedingungen angegeben, damit das System asymptotisch stabil auf eine Störung seiner Anfangsbedingungen reagiert. In diesem Abschnitt werden die qualitativen Eigenschaften der Sprungantwort diskutiert.

In dieser Arbeit werden ausschließlich Eingrößen-Systeme (SISO: Single Input Single Output) betrachtet. Das bedeutet, dass das Zeitverhalten einer Zustandsgröße bei einer Sprunganregung zu beobachten ist. Diese Antwort kann aperiodisch oder nicht, monoton oder nicht, mit oder ohne Überschwinger sein.

In dieser Arbeit wird der Begriff Überschwinger folgenderweise verwendet. Ein System startet bei einer asymptotisch stabiler Gleichgewichtslage A und nähert sich asymptotisch einer stabilen Gleichgewichtslage B wegen Sprunganregung $h(t)$. Eine Zustandsgröße des Systems weist keinen Überschwinger auf, wenn sie ihren asymptotischen Endwert nicht überschreitet. Als Beispiel kann ein leeres Fass betrachtet werden, das mit Fluid gefüllt werden soll. Die Fluidhöhe ist die Zustandsgröße, die beobachtet wird. Überschwinger ist hier synonym von Überlauf. In Bild 11.2 ist die Sprungantwort eines Systems ohne Überschwinger gezeigt. Der Zeitverlauf ist im Beispiel monoton, es muss aber nicht so sein. Dagegen ist die Sprungantwort eines Systems mit Überschwinger in Bild 11.3 dargestellt.

Überschwinger bei Sprungantwort sind in der Regel unerwünscht. Die Anforderung, sie zu vermeiden, ist daher von großer Bedeutung.

Für Systeme von zweiter bzw. dritter Ordnung (Siehe KWON ET AL.[42] bzw. LIN und FANG [48]) gibt es nötige und hinreichende Bedingungen über die Übertragungsfunktion,

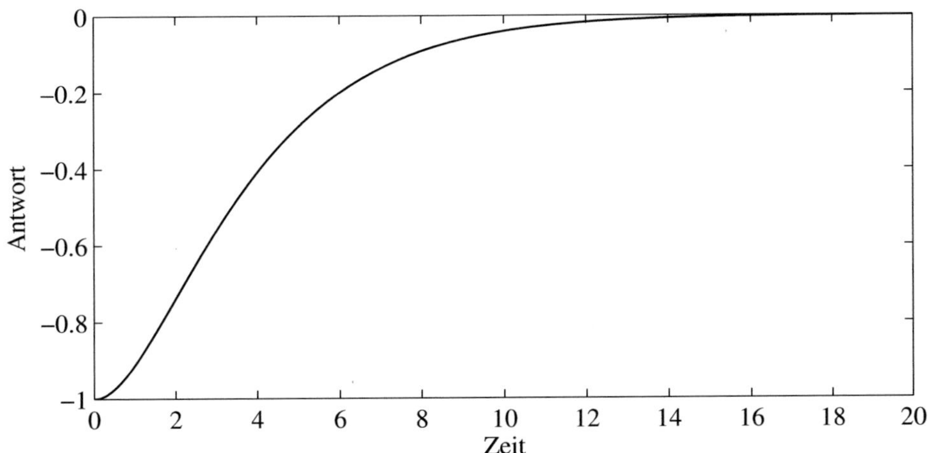

Bild 11.2: Antwort ohne Überschwinger

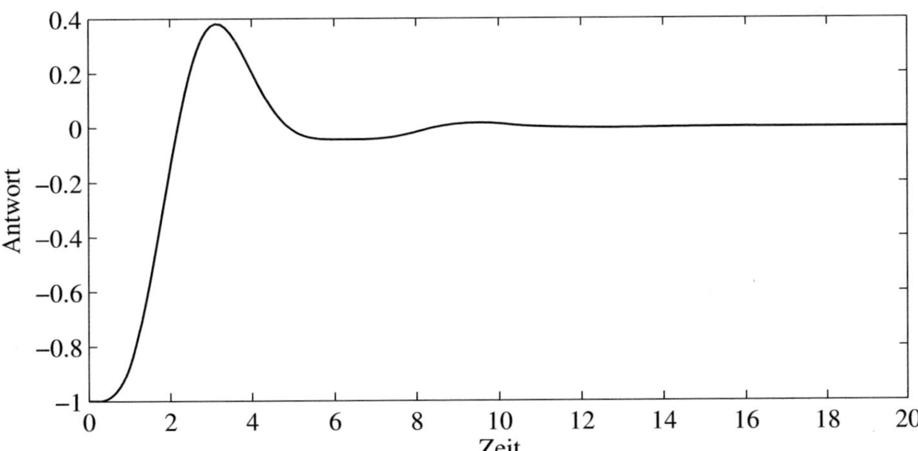

Bild 11.3: Antwort mit Überschwinger

die eine Antwort ohne Überschwinger garantieren. Für Systeme höherer Ordnung sind hinreichende Bedingungen in der Literatur zu finden. Viele basieren auf der Übertragungsfunktion, manche sind für eine Betrachtung im Zustandsraum direkt anwendbar.

In Phillips and Seborg [68] ist eine hinreichende Bedingung gegeben. Die Systemmatrix soll „essentially positive“ sein. Dafür sollen Vorzeichenmuster untersucht werden. In Rachid [73] wird als hinreichende Bedingung gegeben, dass die Pole und die Nullstellen der Übertragungssfunktion bestimmte Verhältnisse haben und dass die Pole alle rein reell und negativ sind.

In dieser Arbeit wird eine einfache Idee verfolgt. Wenn die Sprungantwort aperiodisch und monoton erfolgt, dann ist sie zwangsläufig ohne Überschwinger. Die Bedingung ist nur hinreichend. Sie ist nicht optimal. Es gibt andere hinreichende Bedingungen, die zum Beispiel zu einer schnelleren Sprungantwort führen. Die hier dargestellte Methode ist aber wohl die einfachste, wenn das System in Zustandsform gegeben ist.

Mit dem Kriterium von FULLER [22] kann anhand der Systemparameter geprüft werden, ob die Eigenwerte alle rein reell sind. Im Abschnitt 11.4.1 wird eine leicht geänderte Darstellung des Kriteriums gegeben. Sie basiert auf der Arbeit von YANG ([98], [97]), der eine sehr einfache Methode eintwickelt hat, um die Wurzeln eines reellen Polynoms anhand der Systemparameter einzuordnen. Wenn dabei das Kriterium von Liénard-Chipart [47] gleichzeitig erfüllt ist, dann ist die Sprungantwort des Systems aperiodisch.

Als nächstes wird im Abschnitt 11.4.3 bewiesen, dass, wenn das System in Regelungsnormalform ist und aperiodisches Verhalten aufweist, die Sprungantwort einer Zustandsgröße *des Systems in Regelungsnormalform* monoton ist.

Dazu kommt, dass eine notwendige und hinreichende Bedingung in Form des Theorems 1 bezüglich der Parameter des Systems bereits gegeben worden ist, damit die *monotone Zustandsgröße des Systems in Regelungsnormalform* proportional zu einer gegebenen Zustandsgröße des *ursprünglichen Systems in Zustandsform* ist.

Es wird im Abschnitt 11.4.2 die Idee von SEYRANIAN [81] zur Bestimmung der Grenze für eine aperiodische Sprungantwort angepasst. Damit ist ihre grafische Darstellung wesentlich vereinfacht.

11.4.1 Kriterium für monotone Sprungantwort

In YANG [97] wird ein Kriterium gegeben, um zu bestimmen, ob alle Wurzeln eines reellen Polynoms unterschiedlich und rein reell sind. Mit diesem Kriterium kann für jeden Punkt im Parameterraum $\{a_j\}, \quad j \in [1, \dots n-1]$ geprüft werden, ob eine aperiodische Sprungantwort möglich ist. Sie bilden einen Raum, dessen Grenze analytisch für Systeme bis zu vierter Ordnung bestimmt werden kann. Der Bestimmung der Grenze ist der nächste Abschnitt gewidmet.

Die Sylvester-Matrix des charakterischen Polynoms mit seiner Ableitung lautet:

$$\mathbf{S}\left(P_{A_1}, \frac{\mathrm{d}P_{A_1}}{\mathrm{d}\lambda}\right) = \tag{11.35}$$

$$\begin{bmatrix} 1 & a_1 & a_2 & \cdots & a_{n-1} & 1 & 0 & \cdots & 0 & 0 \\ 0 & n & (n-1)a_1 & \cdots & 2a_{n-2} & a_{n-1} & 0 & \cdots & 0 & 0 \\ 0 & 1 & a_1 & \cdots & a_{n-2} & a_{n-1} & 1 & \cdots & 0 & 0 \\ 0 & 0 & n & \cdots & 3a_{n-3} & 2a_{n-2} & a_{n-1} & \cdots & 0 & 0 \\ \vdots & \vdots & \vdots & \ddots & \vdots & \vdots & \vdots & \ddots & \vdots & \vdots \\ 0 & 0 & 0 & \cdots & 1 & a_1 & a_2 & \cdots & a_{n-1} & 1 \\ 0 & 0 & 0 & \cdots & 0 & n & (n-1)a_1 & \cdots & 2a_{n-2} & a_{n-1} \end{bmatrix}$$

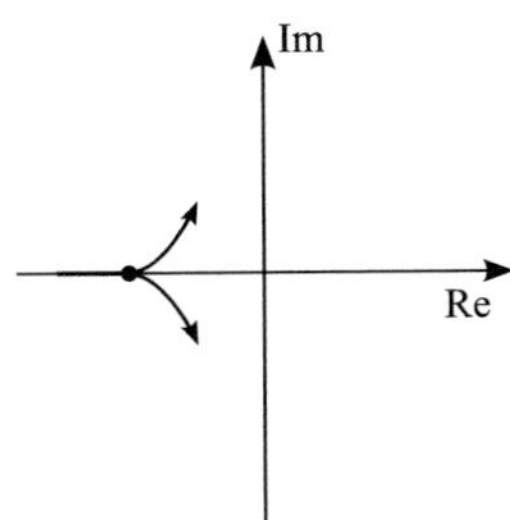

Bild 11.4: Von aperiodischer zu schwingender Sprungantwort

Ähnlich wie bei der Hurwitzmatrix werden Teildeteminanten definiert. Sei S_j die Determinante von der oberen linken Submatrix von Größe $2j \times 2j$.

In YANG [97] gibt es ein allgemeines Kriterium, damit alle Wurzel eines reellen Polynoms reel und unterschiedlich sind. Dieses Kriterium lautet:

$$\begin{aligned} S_2 &> 0 \\ &\vdots \\ S_{n-1} &> 0 \\ S_n &> 0 \end{aligned} \tag{11.36}$$

11.4.2 Grenze für monotone Sprungantwort

In diesem Abschnitt soll die Grenze für eine aperiodische Sprungantwort bestimmt werden. Bei dem Übergang von einer aperiodischen zur schwingenden Sprungantwort verlassen zwei Wurzeln der linken komplexen Halbebene die reelle Achse, wenn die Systemparameter variiert werden. Die Grenze für die aperiodische Sprungantwort entspricht also dem Fall, in dem mindestens zwei reelle negative Wurzeln identisch sind. Diese Lage ist in Bild 11.4 dargestellt.

Es ist also zweckmäßig, das charakteristische Polynom (11.25) so umzuformen, dass dieses Wurzelpaar μ_1 (eine Wurzel mit Vielfachheit 2 auf der Grenze für Aperiodizität) gesondert behandelt werden kann, wie es in (11.28) gemacht worden ist. $C(\lambda)$ und seine Koeffizienten c_1 und c_2 lauten in diesem Fall:

$$\begin{aligned} C(\lambda) &= (\lambda - \mu_1)^2 \\ c_1 &= -2\mu_1 \\ c_2 &= \mu_1^2 = \frac{1}{b_m} \end{aligned}$$

wobei $\mu_1 \in]-\infty, 0[$

In diesem Fall lassen sich die Gleichugen (11.29) vereinfachen

$$\begin{aligned} a_1 &= \frac{2}{\sqrt{b_m}} + b_1 \\ a_2 &= \frac{1}{b_m} + \frac{2b_1}{\sqrt{b_m}} + b_2 \\ a_3 &= \frac{b_1}{b_m} + \frac{2b_2}{\sqrt{b_m}} + b_3 \\ &\vdots \\ a_{n-2} &= \frac{b_{m-2}}{b_m} + \frac{2b_{m-1}}{\sqrt{b_m}} + b_m \\ a_{n-1} &= \frac{b_{m-1}}{b_m} + 2\sqrt{b_m} \\ \frac{1}{b_m} &= \mu_1^2 \end{aligned} \tag{11.37}$$

11.4.3 Sprungantwort des Systems in Regelungsnormalform

Das System ist in Regelungsnormalform (Kette von Integratoren) durch Koordinatentransformation gebracht worden. Es wird in Theorem 2 Folgendes bewiesen: Wenn alle Eigenwerte reell, negativ und unterschiedlich sind, dann weist die erste Zustandgröße $z_1(\tau)$ eine monotone Sprungantwort auf[1].

Theorem 2. *Sei das System in Regelungsnormalform (11.8). Alle Größe sind reell.*

$$\begin{aligned} \mathbf{z} &= \begin{bmatrix} z_1(\tau) & z_2(\tau) & \dots & z_n(\tau) \end{bmatrix} \\ \mathbf{z_0} &= \mathbf{z}(\tau = 0) = \mathbf{A_2}^{-1}\mathbf{b_2} \\ \frac{\mathrm{d}\mathbf{z}}{\mathrm{d}\tau} &= \mathbf{A_2}\mathbf{z} + \mathbf{b_2}h\,(t) \end{aligned} \tag{11.38}$$

Wenn alle Eigenwerte von A_2 reel, negativ und unterschiedlich sind, dann ist z_1 monoton.

Beweis. Ein Überschwinger für z_1 wird dadurch charakterisiert, dass $\dot{z_1}$ bei $\tau > 0$ den Wert Null annehmen darf. Es wird hier bewiesen, dass wenn alle Eigenwerte von A_2 reell, negativ und unterschiedlich sind, dann gilt:

$$\dot{z_1}(\tau) = 0 \Leftrightarrow \tau = 0$$

[1] Ein kürzerer Beweis, basierend auf der Arbeit von RACHID [73], wäre möglich. Die Übertragungsfunktion für z_1 kann mit Hilfe der Regelungsnormalform sofort abgelesen werden. Es gibt keine Nullstelle. Wenn alle Pole reell und negativ sind, dann wurde von RACHID bewiesen, dass z_1 keinen Überschwinger bei Sprungantwort aufweist.

Sei $j \in [\![1, n]\!]$. δ ist das Kronecker-Symbol.

$$\mathbf{e_j} = \begin{bmatrix} \delta_{j,1} & \delta_{j,2} & \dots & \delta_{j,n} \end{bmatrix}^T$$

Die Anfangsbedingung für $\mathbf{z}$ ist die statische Lösung von (11.38). Aus der letzen Zeile von $\mathbf{A_2}$ (11.11) ist sofort erkennbar, dass

$$\mathbf{z_0} = -\mathbf{e_1}.$$

Die Lösung zu (11.38) kann mit der Fundamentalmatrix $\mathbf{\Phi}$ gebildet werden:

$$\mathbf{z} = -\mathbf{\Phi e_1}$$

Es gilt aber

$$\begin{aligned} \dot{\mathbf{z}} &= -\mathbf{A_2 \Phi e_1} \\ &= -\mathbf{\Phi A_2 e_1} \\ &- \mathbf{\Phi e_n}. \end{aligned}$$

Diese letzte Gleichung bedeutet, dass $\dot{\mathbf{z}}$ gerade die letzte Spalte von $\mathbf{\Phi}$ ist. Um $\dot{z_1}$ zu bestimmen, soll die erste Zeile von $\mathbf{\Phi}$ betrachtet werden. Also muss nur $\mathbf{\Phi}_{(1,n)}$ ermittelt werden. $\mathbf{\Phi}$ lässt sich als eine lineare Kombination von n Zeitfunktionen $\alpha_k(\tau), k \in [\![0, n-1]\!]$ ausdrücken:

$$\begin{aligned} \mathbf{\Phi} &= e^{\mathbf{A_2}\tau} \\ &= \sum_{k=0}^{n-1} \alpha_k(\tau) \mathbf{A_2}^k \end{aligned} \tag{11.39}$$

Es lässt sich rekursiv leicht zeigen, dass $\mathbf{A_2}^k$ eine besondere Struktur hat. Die ersten $n - k$ Linien von $\mathbf{A_2}^k$ lauten:

$$\begin{bmatrix} \mathbf{e_{k+1}}^T \\ \mathbf{e_{k+2}}^T \\ \vdots \\ \mathbf{e_n}^T \end{bmatrix} \tag{11.40}$$

Infolge von (11.39) und (11.40) kann leicht erkannt werden, dass

$$\begin{aligned} \mathbf{\Phi}_{(1,n)} &= \alpha_{n-1} \\ \dot{z_1} &= \alpha_{n-1} \end{aligned}$$

Jetzt sollen die Funktionen $\alpha_k(\tau)$ näher untersucht werden. In [77] wird die Formel zur bestimmung der α_k gegeben. Sei s die Anzahl der unterschiedlichen Eigenwerte von A_2.

Sei υ_k die Vielfachheit des Eigenwerts λ_k. Dann können die α_k als Lösung des folgenden inhomogenen linearen Gleichungssystems bestimmt werden.

$$\begin{aligned} & k \in [\![1, s]\!] \\ & i \in [\![0, \upsilon_{k-1}]\!] \\ & \sum_{k=1}^{s} \upsilon_k = n \\ & \frac{\mathrm{d}^i}{\mathrm{d}\lambda^i}[\alpha_0(\tau) + \alpha_1(\tau)\lambda + \ldots + \alpha_{n-1}(\tau)\lambda^{n-1}] \,|_{\lambda=\lambda_k} = \tau^i e^{\lambda_k \tau} \end{aligned} \tag{11.41}$$

Es wird angenommen, dass alle Eigenwerte von A_2 unterschiedlich sind.

Die Gleichung (11.41) lässt sich umschreiben in:

$$\begin{bmatrix} 1 & \lambda_1 & \lambda_1^2 & \ldots & \lambda_1^{n-1} \\ 1 & \lambda_2 & \lambda_2^2 & \ldots & \lambda_2^{n-1} \\ \vdots & \vdots & \vdots & \ddots & \vdots \\ 1 & \lambda_n & \lambda_n^2 & \ldots & \lambda_n^{n-1} \end{bmatrix} \begin{bmatrix} \alpha_0 \\ \alpha_1 \\ \vdots \\ \alpha_{n-1} \end{bmatrix} = \begin{bmatrix} e^{\lambda_1 \tau} \\ e^{\lambda_2 \tau} \\ \vdots \\ e^{\lambda_n \tau} \end{bmatrix} \tag{11.42}$$

Die Matrix ist eine Vandermonde-Matrix, die mit V_n gekennzeichnet wird. Sie ist invertierbar, da es keinen Eigenwert mit Wert Null gibt und alle Eigenwerte unterschiedlich sind.

Mit Hilfe der Cramersche Regel kann α_{n-1} bestimmt werden. Wegen der Multilinearität der Determinante gilt

$$\alpha_{n-1} = \frac{(-1)^s}{\det(V_n)} \det \left(\begin{bmatrix} 1 & -\lambda_1 & \lambda_1^2 & -\lambda_1^3 & \ldots & |\lambda_1|^{n-2} & e^{\lambda_1 \tau} \\ 1 & -\lambda_2 & \lambda_2^2 & -\lambda_2^3 & \ldots & |\lambda_2|^{n-2} & e^{\lambda_2 \tau} \\ \vdots & \vdots & \vdots & \vdots & \ddots & \vdots & \vdots \\ 1 & -\lambda_n & \lambda_n^2 & -\lambda_n^3 & \ldots & |\lambda_n|^{n-2} & e^{\lambda_n \tau} \end{bmatrix} \right),$$

wobei s von n abhängt.

$$s(n) = \begin{cases} \frac{n-2}{2} & \text{wenn } n \text{ gerade ist} \\ \frac{n-1}{2} & \text{wenn } n \text{ ungerade ist} \end{cases}$$

Damit wird gewährleistet, dass alle Koeffizienten der Matrix, deren Determinante zu bestimmen ist, positiv sind. Sie ist sehr ähnlich zu einer verallgemeinerten Vandermonde Matrix. In GANTMACHER [23] gibt es Aussagen über die Determinante von solchen Matrizen, die sich für diese Arbeit anpassen lassen.

Es kann sofort erkannt werden, dass $\alpha_{n-1}(\tau = 0) = 0$. Gibt es eine Zeit $\tau_0 \in \mathbb{R}^+$, so dass $\alpha_{n-1}(\tau_0) = 0$?

Sei $k \in [\![0, n-1]\!]$. Sei c_k n reelle Zahlen, die nicht alle Null sind. Sei $f_n(x)$ eine reelle Funktion.

$$f_n : \begin{array}{ccc} \mathbb{R}^- & \longrightarrow & \mathbb{R} \\ x & \mapsto & c_0 \mathrm{e}^{x\tau_0} + \sum_{k=1}^{n-1} c_k |x|^{k-1} \end{array}$$

Wenn das gewünschte τ_0 existiert, dann gibt es mindenstens n Wurzeln von f_n. Diese n Wurzeln sind die $\lambda_j, j \in [\![1, n]\!]$. Es wird rekursiv gezeigt, dass es unmöglich ist, dass die λ_j Wurzeln von f_n sind. Zunächst soll die Rekursion mit $n = 2$ initialisiert werden.

$$\begin{bmatrix} 1 & \mathrm{e}^{\lambda_1 \tau_0} \\ 1 & \mathrm{e}^{\lambda_2 \tau_0} \end{bmatrix} \begin{bmatrix} c_1 \\ c_0 \end{bmatrix} = \begin{bmatrix} 0 \\ 0 \end{bmatrix}$$

Diese Gleichung kann eine Lösung haben, wenn die Determinante der Matrix Null ist. Das ist aber unmöglich, weil $\lambda_1 \neq \lambda_2$ ist.

Dann wird die Rekursionshypothese aufgestellt, dass es unmöglich ist, eine Familie von reellen c_k zu finden, so dass die $\lambda_j, j \in [\![1, n-1]\!]$ reellen Wurzeln von f_{n-1} sind.

Zum Schluss wird gezeigt, dass die folgende Hypothese zu einem Widerspruch führt. Es wird angenommen, dass die Funktion f_n mindestens n Wurzeln in $\mathbb{R}^-$ besitzt. Dann wird $\frac{\mathrm{d}f_n}{\mathrm{d}x}$ berechnet. Es gilt:

$$\frac{\mathrm{d}f_n}{\mathrm{d}x} = c_0 \tau_0 \mathrm{e}^{x\tau_0} + \sum_{k=2}^{n-1} (k-1) c_k |x|^{k-2}$$

Wegen des Satzes von Rolle [38] soll $\frac{\mathrm{d}f_n}{\mathrm{d}x}$ mindestens $n-1$ Wurzeln besitzen. Das verletzt die Rekursionshypothese.

Damit ist bewiesen, dass $\alpha_{n-1}(\tau) = 0 \Leftrightarrow \tau = 0$. Also hat $\dot{z}_1$ ein konstantes Vorzeichen und z_1 weist keinen Überschwinger auf.

Der Beweis wird formell komplizierter wenn manche Eigenwerte mehrfach auftreten. Es ist aber bemerkenswert, dass im vorherigen Beweis die Eigenwerte beliebig nah aneinander liegen dürfen.

□

11.5 Verhalten der Systeme 2. Ordnung

Das charakteristische Polynom lautet:

$$P_2(\lambda) = \lambda^2 + a_1 \lambda + 1 \tag{11.43}$$

Es gibt nur einen Parameter. Die Hurwitz-Matrix, die zu (11.43) gehört, lautet:

$$\mathbf{H} = \begin{bmatrix} a_1 & 0 \\ 1 & 1 \end{bmatrix} \tag{11.44}$$

Die Sylvestermatrix des Polynoms mit seiner Ableitung lautet:

$$\mathbf{S} = \begin{bmatrix} 1 & a_1 & 1 & 0 \\ 0 & 2 & a_1 & 0 \\ 0 & 1 & a_1 & 1 \\ 0 & 0 & 2 & a_1 \end{bmatrix} \tag{11.45}$$

Die Wurzeln des Polynoms können analytisch kompakt berechnet werden. Sie lauten

$$\lambda_{1,2} = \frac{1}{2}\left(-a_1 \pm \sqrt{a_1^2 - 4}\right) \tag{11.46}$$

Es wird gezeigt werden, dass die Kriterien für Stabilität und monotone Sprungantwort die gleiche Ergebnisse wie die direkte Betrachtung der Gleichung (11.46) liefern.

11.5.1 Stabilität

Kriterien

Das Stabilitätskriterium aus der Hurwitzschen Matrix ist eine einzige Ungleichung:

$$a_1 > 0 \tag{11.47}$$

Grenze

Die Zerlegung von $P_2(\lambda)$ liefert

$$\begin{aligned} B(\lambda) &= 1 \\ C(\lambda) &= P_2(\lambda) \end{aligned} \tag{11.48}$$

Die Beziehungen (11.34) dürfen hier eingesetzt werden. Es ergibt sich logischerweise:

$$a_1 = 0 \tag{11.49}$$

11.5.2 Monotone Sprungantwort

Kriterien

Das Kriterium aus dem Abschnitt 11.4.1 (Hauptminoren der Sylvestermatrix) für das Polynom 2. Grades liefert:

$$a_1^2 - 4 > 0 \tag{11.50}$$

Wenn das Stabilitätskriterium erfüllt ist, dann lässt sich die Ungleichung vereinfachen.

$$a_1 > 2 \tag{11.51}$$

Grenze

Die Beziehungen (11.37) dürfen hier eingesetzt werden. Es ergibt sich wie erwartet:

$$a_1 = 2 \tag{11.52}$$

Wenn das System 2. Ordung einen Einmassenschwinger abbilden würde, dann ist a_1 das doppelte Lehrsche Dämpfungsmaß. Für diesen Wert der Dämpfung ist die Sprungantwort ohne Überschwinger am schnellsten, wie zum Beispiel in MAGNUS und POPP [55] erklärt wird.

11.5.3 Verhaltenskarte

Da es nur einen Parameter gibt, ist die Karte eindimensional (Siehe Bild 11.5).

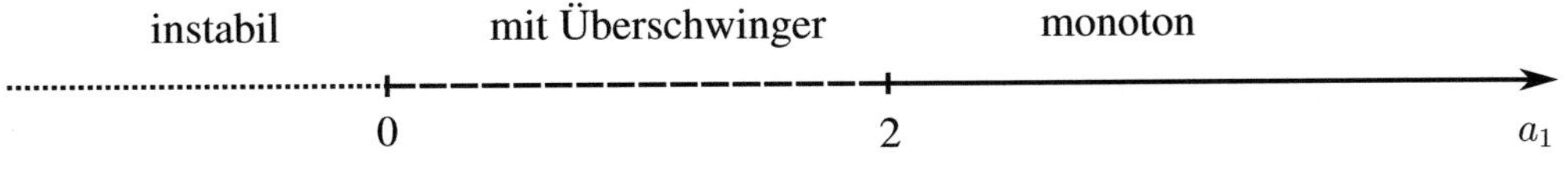

Bild 11.5: Verhaltenskarte des Systems 2. Ordnung

11.6 Verhalten der Systeme 3. Ordnung

Das charakteristische Polynom lautet:

$$P_3(\lambda) = \lambda^3 + a_1\lambda^2 + a_2\lambda + 1 \tag{11.53}$$

Die Wurzeln eines Polynoms 3. Grad könnten analytisch bestimmt und direkt untersucht werden, aber die hier dargestellte Methode ist einfacher. Die Hurwitz-Matrix lautet:

$$\mathbf{H} = \begin{bmatrix} a_1 & 1 & 0 \\ 1 & a_2 & 0 \\ 0 & a_1 & 1 \end{bmatrix} \tag{11.54}$$

Die Sylvestermatrix des charakteristischen Polynoms mit seiner Ableitung lautet:

$$\mathbf{S} = \begin{bmatrix} 1 & a_1 & a_2 & a_3 & 0 & 0 \\ 0 & 3 & 2a_1 & a_2 & 0 & 0 \\ 0 & 1 & a_1 & a_2 & a_3 & 0 \\ 0 & 0 & 3 & 2a_1 & a_2 & 0 \\ 0 & 0 & 1 & a_1 & a_2 & a_3 \\ 0 & 0 & 0 & 3 & 2a_1 & a_2 \end{bmatrix} \tag{11.55}$$

11.6.1 Stabilität

Kriterien

Die Stabilitätskriterien lassen sich mit Hilfe des Hurwitzschen Kriteriums (11.32) bestimmen. Da es zwei Parameter gibt, gibt es zwei Ungleichungen.

$$\begin{aligned} a_1 a_2 - 1 &> 0 \\ a_1 &> 0 \end{aligned} \tag{11.56}$$

Grenze

Ein Polynom dritten Grades mit reellen Koeffizienten hat immer drei (im Allgemeinen komplexe) Wurzeln. Eine davon ist immer rein reell [38]. Da $C(\lambda)$ auf der Stabilitätsgrenze zwei komplex konjugierte Wurzeln hat, muss $B(\lambda)$ eine reelle Wurzel λ_1 haben, wobei $\lambda_1 \in]-\infty; 0[$:

$$B(\lambda) = \lambda - \lambda_1 \tag{11.57}$$

Die Beziehungen zwischen Wurzeln und Koeffizienten für die Stabilitätsuntersuchung (11.34) können benutzt werden:

$$\begin{aligned} a_1 &= -\lambda_1 \\ a_2 &= -\frac{1}{\lambda_1} \end{aligned} \tag{11.58}$$

Sie lassen sich in expliziter Form umformen. Es ergibt sich wie erwartet (11.59):

$$\begin{aligned} a_2 &= \frac{1}{a_1} \\ a_1 &> 0 \end{aligned} \tag{11.59}$$

11.6.2 Monotone Sprungantwort

Kriterien

Die Bedingungen, damit es drei unterschiedliche reelle Wurzel gibt, lauten:

$$S_3 > 0 \tag{11.60}$$
$$S_2 > 0 \tag{11.61}$$

mit

$$\begin{aligned} S_3 &= a_1^2 a_2^2 - 4a_1^3 + 18a_1a_2 - 4a_2^3 - 27 \\ S_2 &= 2a_1^2 - 6a_2 \end{aligned} \tag{11.62}$$

Grenze

Die Beziehungen zwischen Wurzeln und Koeffizienten für Sprungantwort (11.37) und (11.57) lassen sich kombinieren und es ergibt sich die gesuchte Grenze in parametrischer Form. $\lambda_1 \in]-\infty; 0[$

$$\begin{aligned} a_1 &= \frac{2}{\sqrt{-\lambda_1}} - \lambda_1 \\ a_2 &= -\frac{1}{\lambda_1} + 2\sqrt{-\lambda_1} \end{aligned} \tag{11.63}$$

Diese Kurve lässt sich in zwei Äste trennen, die durch einen singulären Punkt getrennt sind. Bei dem singulärer Punkt ist die Tangente an der Kurve nicht definiert. Ein Punkt wird als singulär definiert, wenn die Ableitungen $\frac{da_1}{d\lambda_1}$ und $\frac{da_2}{d\lambda_1}$ gleichzeitig Null sind. Es entspricht dem Fall, in dem alle Wurzeln gleich -1 sind. Seine Koordinaten sind $(3, 3)$ in der (a_1, a_2) Ebene.

Auf der Kurve bei $\lambda_1 \in]-1; 0[$ (unterer Ast der Sprungantwortkurve in Bild 11.6) sind zwei weitere Wurzeln des charakteristischen Polynoms identisch und kleiner als -1. Diese Konfiguration ist besonders günstig für eine schnelle Sprungantwort, weil der größte Eigenwert, der insbesondere die Dynamik bestimmt, relativ klein ist.

Bei dem singulären Punkt ist das System am schnellsten, weil der größte Eigenwert minimal ist.

11.6.3 Verhaltenskarte

Das Verhalten des Systems wird in 11.6 dargestellt. Es gibt zwei Parameter, die eine Ebene spannen. Die Stabilitätsgrenze bildet eine Hyperbel. Unterhalb der Hyperbel ist das System instabil. Die Grenze für monotone Sprungantwort bildet ein Keil. Für die Wertepaare innerhalb des Keils gibt es keine Überschwinger. Auf der Keilspitze ist die überschwingerlose Sprungantwort am schnellsten .

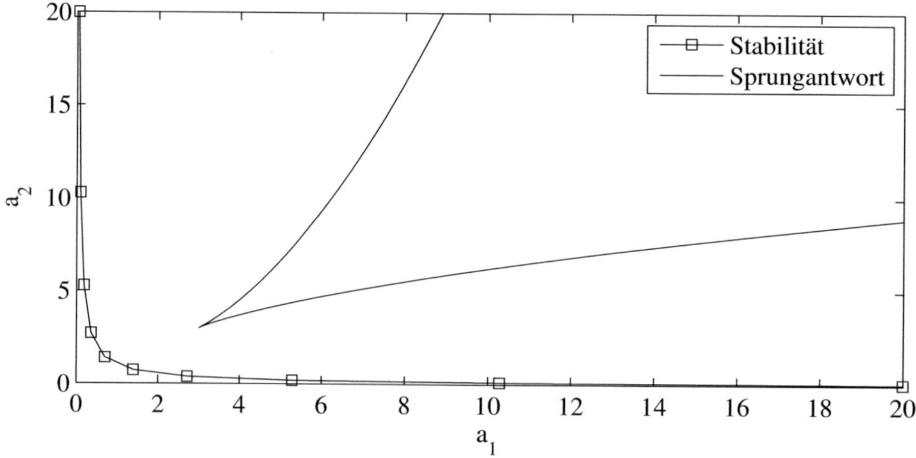

Bild 11.6: Verhaltenskarte des Systems 3. Ordnung

11.7 Verhalten der Systeme 4. Ordnung

Die Wurzel eines Polynoms 4. Ordnung könnten explizit berechnet werden. Die Ausdrücke werden aber relativ lang und die vorgestellte Methode ist wesentlich einfacher. Das charakteristische Polynom lautet:

$$P_4(\lambda) = \lambda^4 + a_1\lambda^3 + a_2\lambda^2 + a_3\lambda + 1 \tag{11.64}$$

Die Hurwitz-Matrix lautet:

$$\mathbf{H} = \begin{bmatrix} a_1 & a_3 & 0 & 0 \\ 1 & a_2 & 1 & 0 \\ 0 & a_1 & a_3 & 0 \\ 0 & 1 & a_2 & 1 \end{bmatrix} \tag{11.65}$$

Die Sylvestermatrix des Polynoms mit seiner Ableitung lautet:

$$\mathbf{S} = \begin{bmatrix} 1 & a_1 & a_2 & a_3 & 1 & 0 & 0 & 0 \\ 0 & 4 & 3a_1 & 2a_2 & a_3 & 0 & 0 & 0 \\ 0 & 1 & a_1 & a_2 & a_3 & 1 & 0 & 0 \\ 0 & 0 & 4 & 3a_1 & 2a_2 & a_3 & 0 & 0 \\ 0 & 0 & 1 & a_1 & a_2 & a_3 & 1 & 0 \\ 0 & 0 & 0 & 4 & 3a_1 & 2a_2 & a_3 & 0 \\ 0 & 0 & 0 & 1 & a_1 & a_2 & a_3 & 1 \\ 0 & 0 & 0 & 0 & 4 & 3a_1 & 2a_2 & a_3 \end{bmatrix} \tag{11.66}$$

11.7.1 Stabilität

Kriterien

Die Stabilitätskriterien lassen sich mit Hilfe von (11.32) bestimmen. Da es drei Parameter gibt, gibt es drei Ungleichungen.

$$\begin{aligned} a_1 a_2 a_3 - a_3^2 - a_1^2 &> 0 \\ a_2 &> 0 \\ a_1 &> 0 \end{aligned} \tag{11.67}$$

Grenze

$B(\lambda)$ ist ein Polynom zweiten Grades ($m = 2$). Es hat entweder zwei rein reelle oder zwei komplex konjugierte Wurzeln. Diese zwei Fälle müssen unterscheiden werden. Die Zusammenführung der Grenzen, die sich aus diesen zwei Fällen ergeben, bildet die Stabilitätsgrenze des Systems.

Es wird zunächst den Fall betrachtet, in dem $B(\lambda)$ zwei reelle Wurzel λ_1 und λ_2 hat. Er lautet:

$$B_a(\lambda) = \lambda^2 - (\lambda_1 + \lambda_2)\lambda + \lambda_1\lambda_2, \tag{11.68}$$

wobei λ_1 und $\lambda_2 \in]-\infty, 0[$ die reellen Wurzel sind.

Die Beziehungen zwischen Wurzeln und Koeffizienten für Stabilität (11.34) und (11.68) lassen sich kombinieren und es ergibt sich der erste Teil der gesuchten Grenze.

$$\begin{aligned} a_1 &= -(\lambda_1 + \lambda_2) \\ a_2 &= \lambda_1\lambda_2 + \frac{1}{\lambda_1\lambda_2} \\ a_3 &= -\frac{\lambda_1 + \lambda_2}{\lambda_1\lambda_2} \end{aligned} \tag{11.69}$$

Der Fall, in dem $B(\lambda)$ zwei komplex konjugierte Wurzeln λ_3 und $\overline{\lambda_3}$ hat, wird betrachtet:

$$\begin{aligned} B_b(\lambda) &= (\lambda - \lambda_3)(\lambda - \overline{\lambda_3}) \\ &= (\lambda - (\eta_3 + i\eta_4))(\lambda - (\eta_3 - i\eta_4)) \\ &= \lambda^2 - 2\eta_3\lambda + \eta_3\eta_4, \end{aligned} \tag{11.70}$$

wobei η_3 und $\eta_4 \in]-\infty, 0[$.

Die Beziehungen (11.34) und (11.70) lassen sich kombinieren und es ergibt sich der zweite Teil der gesuchten Grenze.

$$\begin{aligned} a_1 &= -2\eta_3 \\ a_2 &= \eta_3^2 + \eta_4^2 + \frac{1}{\eta_3^2 + \eta_4^2} \\ a_3 &= -\frac{2\eta_3}{\eta_3^2 + \eta_4^2} \end{aligned} \tag{11.71}$$

Wie erwartet lässt sich die gesamte Stabilitätsgrenze auch einfach explizit bestimmen.

$$\begin{aligned} a_2 &= \frac{a_1^2 + a_3^2}{a_1 a_3} \\ a_1 &> 0 \\ a_3 &> 0 \end{aligned} \tag{11.72}$$

Die Stabilitätsgrenze ist eine Fläche im Raum a_1, a_2, a_3. Sie hat eine Kante, auf der die Wurzeln von $B_b(\lambda)$ rein imaginär konjugiert sind. Das ist gerade der Fall, wenn $\eta_3 = 0$. Die Achse $\{0, a_2, 0\}$ bildet diese Kante. Eine ausführliche Beschreibung einer solchen Singularität kann in [81] gefunden werden. Die Kante endet im singulären Punkt $\{0, 2, 0\}$, in einem von SEYRANIAN sogenannten „deadlock of an edge“. Es entspricht dem Fall, wo die imaginären konjugierten Wurzeln von B_b und C in ein Paar von imaginär konjugierten Wurzeln mit Vielfachheit zwei verschmelzen.

11.7.2 Monotone Sprungantwort

Kriterien

Das Kriterium gibt drei Bedingungen:

$$\begin{aligned} S_4 &> 0 \\ S_3 &> 0 \\ S_2 &> 0 \end{aligned} \tag{11.73}$$

Es gilt:

$$\begin{aligned} S_2 &= 3a_1^2 - 8a_2 \\ S_3 &= 2a_1^2a_2^2 - 6a_1^3a_3 - 12a_1^2 + 28a_1a_2a_3 - 8a_2^3 + 32a_2 - 36a_3^2 \\ S_4 &= 18a_1^3a_2a_3 - 27a_1^4 - 4a_1^3a_3^3 - 4a_1^2a_2^3 + a_1^2a_2^2a_3^2 \\ &\quad + 144a_1^2a_2 - 6a_1^2a_3^2 - 80a_1a_2^2a_3 + 18a_1a_2a_3^3 - 192a_1a_3 \\ &\quad + 16a_2^4 - 4a_2^3a_3^2 - 128a_2^2 + 144a_2a_3^2 - 27a_3^4 + 256 \end{aligned} \tag{11.74}$$

Grenze

Auf der Grenze für die aperiodische Sprungantwort muss $B(\lambda)$ unbedingt reelle negative Wurzel haben. Die Beziehungen (11.37) und (11.68) lassen sich kombinieren und es ergibt sich die gesuchte Grenze. Die parametrische Gleichung der Fläche lautet:

$$\begin{aligned} a_1 &= -\lambda_1 - \lambda_2 + \frac{2}{\sqrt{\lambda_1\lambda_2}} \\ a_2 &= \lambda_1\lambda_2 - 2\frac{\lambda_1 + \lambda_2}{\sqrt{\lambda_1\lambda_2}} + \frac{1}{\lambda_1\lambda_2} \\ a_3 &= 2\sqrt{\lambda_1\lambda_2} - \frac{\lambda_1 + \lambda_2}{\lambda_1\lambda_2} \end{aligned} \tag{11.75}$$

Auf der Fläche trägt $C(\lambda)$ die reelle negative Wurzel μ_1 mit Vielfachheit zwei. Diese Fläche hat drei Kanten. Diese Kanten könnten natürlich als Singularität der Fläche formell gesucht werden. Es wird aber die Analyse der Eigenschaften der Eingewerte bevorzugt. Die erste Kante entspricht dem Fall, in dem die Eigenwerte paarweise identisch sind. $B(\lambda)$ hat eine Wurzel mit Vielfachheit zwei($\lambda_1 = \lambda_2$) sowie $C(\lambda)$ auch (μ_1). Es gilt dann $\mu_1^2\lambda_1^2 = 1$ und die parametrische Gleichung dieser Kurve lautet bei $\lambda_1 \in]-\infty;0[$:

$$\begin{aligned} a_1 &= -2\left(\lambda_1 + \frac{1}{\lambda_1}\right) \\ a_2 &= \lambda_1^2 + 4 + \frac{1}{\lambda_1^2} \\ a_3 &= -2\left(\lambda_1 + \frac{1}{\lambda_1}\right) \end{aligned} \tag{11.76}$$

Die zwei weiteren Kanten entsprechen dem Fall, in dem drei Eigenwerte identisch sind. Die Doppelwurzel von $C(\lambda)$ ist gleichzeitig eine Wurzel von $B(\lambda)$ ($\lambda_2 = \mu_1$). Es gilt dann $\lambda_1\mu_1^3 = 1$. Es ergibt sich folgende parametrische Kurve bei $\mu_1 \in]-\infty;0[$:

$$\begin{aligned} a_1 &= -\left(3\mu_1 + \frac{1}{\mu_1^3}\right) \\ a_2 &= 3\left(\mu_1^3 + \frac{1}{\mu_1^3}\right) \\ a_3 &= -\left(\mu_1^3 + 3\frac{1}{\mu_1}\right) \end{aligned} \tag{11.77}$$

Die Kante, auf der $\mu_1 \in]-\infty;-1[$ definiert ist, ist besonders günstig für eine schnelle Sprungantwort. In diesem Fall ist λ_1 der größte Eigenwert mit Vielfachheit eins und sein Betrag ist relativ klein, weil $\lambda_1 = \frac{1}{\mu_1^3}$.

Es gibt einen singulären Punkt, in dem alle Kanten sich treffen. Es entspricht dem Fall, in dem alle Wurzeln gleich -1 sind. Die Koordinaten des Punktes in dem $\{a_1, a_2, a_3\}$ Koordinatensystem lauten $\{4, 6, 4\}$. Wie im Fall 3. Ordnung entspricht er der schnellsten stabilen aperiodischen Sprungantwort.

11.7.3 Verhaltenskarte

Da es drei Parameter gibt, ist die Karte dreidimensional.

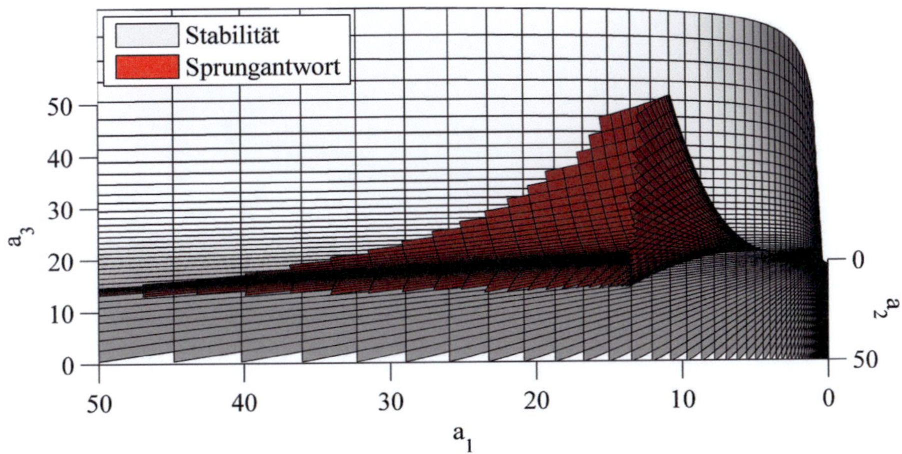

Bild 11.8: Verhaltenskarte des Systems 4. Ordnung

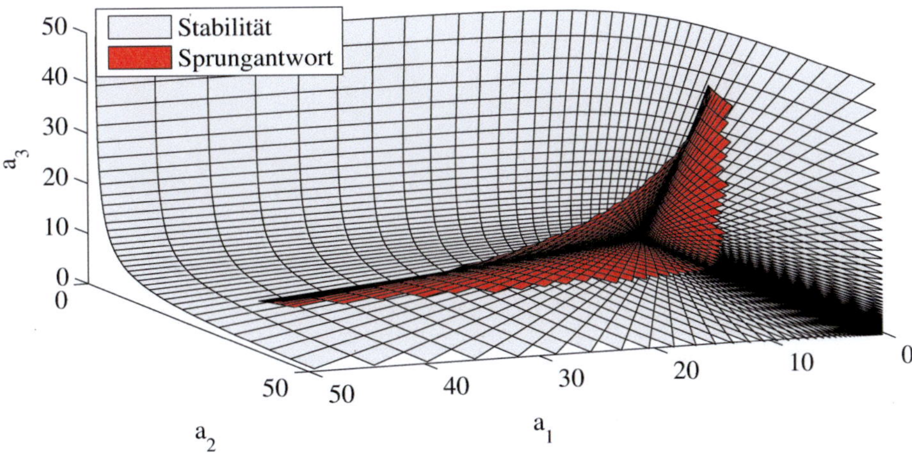

Bild 11.7: Verhaltenskarte des Systems 4. Ordnung

12 LQR: optimale Regelung

In diesem Kapitel wird die Methode zur Entwicklung von einer linear-quadratischen optimalen Zustandsrückführung beschrieben. Die Grundidee ist einfach. Das reale System soll bestimmte Funktionen erfüllen. Es wird durch lineare Differentialgleichungen beschrieben. Die Abweichung zwischen dem tatsächlichen Verhalten des Systems und dem zur Erfüllung der Funktion perfekten Verhalten wird durch ein skalares Kriterium, die Kosten, bewertet. Die Kosten werden von einem quadratischen Funktional der Zustandsgrößen abgebildet. Die LQR-Theorie sagt dann, dass es eine einzige Regelung gibt, welche die Kosten minimiert. Außerdem gibt es eine explizite Formel zu ihrer Bestimmung.

Die Literatur zur Regelungstechnik ist umfangreich. Eine gute Einführungen zur linearen Regelung ist im Buch von FÖLLINGER [20] zu finden. Die Methoden der nichtlinearen Regelung werden zum Beispiel von NIJMEIJER [64] (kompliziert) dargestellt.

Als spezieller Zweig der Regelungstechnik hat sich der Begriff „ optimale Steuerung“ durchgesetzt. Die Arbeit von PONTRJAGIN ist in diesem Bereich fundamental. HAGEDORN [27] gibt eine gute Einführung zur optimalen Steuerung. Das Buch von BRYSON und HO [8] ist eine Referenz. TRÉLAT [90] bietet einen klaren Überblick über optimale Steuerung und LQR-Theorie. Als Nische im Gebiet optimale Steuerung gibt es noch die Verbindung zwischen Regelungstheorie und Schwingungen. Im Buch von FIDLIN [18] wird zum Beispiel ein System, deren Eigenschaften stark von einer schnellen Anregung modifiziert sind, stabilisiert. KOVALEVA [39] untersucht solche Systeme systematisch und sehr abstrakt.

In diesem Kapitel werden ausgewählte Grundlagen der Regelungstheorie zusammengefasst, die im Kapitel 7 benutzt werden. Dieses Kapitel ist von TRÉLATs Buch [90] inspiriert.

12.1 Aufgabe

Sei n und m in $\mathbb{N}^*$, $I = [\tau_0; T]$ ein Intervall von $\mathbb{R}$, und $\mathbf{A}$, $\mathbf{b}$ und $\mathbf{r}$ sind auf I lokal integrierbare Applikationen, die zu $\mathcal{M}_n(\mathbb{R})$ bzw. zu $\mathcal{M}_{n,1}(\mathbb{R})$ gehören. Sei Ω eine Teilmenge von $\mathbb{R}^m$ und $\mathbf{x_0} \in \mathbb{R}^n$. Die Steuerung u gehört zu der Menge der mensurabel und lokal begrenzten auf I Applikationen und nimmt ihre Werte in $\Omega \in \mathbb{R}^n$ an. Das lineare System mit Regelung lautet:

$$\begin{aligned} \forall \tau \in I \quad \frac{\mathrm{d}\mathbf{x}(\tau)}{\mathrm{d}\tau} &= \mathbf{A}(\tau)\mathbf{x}(\tau) + \mathbf{b}(\tau)\, u(\tau) + \mathbf{r}(\tau) \\ \mathbf{x}(\tau_0) &= \mathbf{x_0} \end{aligned} \tag{12.1}$$

Es gibt Sätze, die garantieren, dass das System (12.1) für jede Steuerung u eine einzige absolut stetige Lösung hat.

In diesem Rahmen stellen sich zwei Fragen.

- Für einen gegebenen Punkt $\mathbf{x_1} \in \mathbb{R}^n$, gibt es eine Steuerung u, deren assoziierte Trajektorie $\mathbf{x_0}$ mit $\mathbf{x_1}$ in finiter Zeit verbindet? Das ist die Frage der Steuerbarkeit.
- Falls die Steuerbarkeit gewährleistet ist, gibt es eine Steuerung u, die $\mathbf{x_0}$ mit $\mathbf{x_1}$ verbindet und ein bestimmtes Funktional $C(u)$ minimiert? Das ist die Frage der optimalen Steuerung.
- Wenn die optimale Steuerung als Regelung eingesetzt werden kann, dann wird meistens vorrausgesetzt, dass der Zustandsvektor komplett bekannt ist. Aus wirtschaftlichen oder praktischen Gründen sind oftmals manche Zustandsgrößen unbekannt. Ob der komplette Zustandsvektor aus den einigen bekannten Zustandsgrößen gebaut werden kann, ist die Frage der Beobachtbarkeit.

12.2 Steuerbarkeit

Die Frage der Steuerbarkeit ist im allgemeinen Fall schwierig zu beantworten. Da es eine explizite Formel gibt, um eine optimale Regelung zu finden, ist es viel einfacher, die adäquate Regelung zu bestimmen. Falls sie bestimmt werden kann und zufriedenstellende Ergebnisse liefert, ist die Steuerbarkeit damit gegeben.

Das Steuerbarkeitskriterium wird vollständigkeitshalber hier wiedergegeben. Es wird angenommen, dass $\mathbf{A}(\tau)$, $\mathbf{b}(\tau)$ und $\mathbf{r}(\tau)$ analytisch und $\mathcal{C}^\infty$ auf $I = [\tau_0; T]$ sind. Es kann für $j \in \mathbb{N}$ rekursiv definiert werden:

$$\begin{aligned} \mathbf{b_0}(\tau) &= \mathbf{b}(\tau) \\ \mathbf{b_{j+1}} &= \mathbf{A}(\tau)\mathbf{b_j}(\tau) - \frac{\mathrm{d}\mathbf{b}(\tau)}{\mathrm{d}\tau} \end{aligned} \tag{12.2}$$

In dieser Arbeit ist die Matrix $\mathbf{A}$ konstant. In diesem Fall lassen sich die Vektoren $\mathbf{b_j}$ einfacher ermitteln. Die folgende Beziehung lässt sich rekursiv zeigen.

$$\mathbf{b_{j+1}}(\tau) = \sum_{k=0}^{j} \binom{j}{k} \mathbf{A}^{j-k} \frac{\mathrm{d}^k \mathbf{b_j}(\tau)}{\mathrm{d}\tau^k} \tag{12.3}$$

Das System ist steuerbar, wenn und nur wenn

$$\forall \tau \in [\tau_0 \quad T], \quad \mathrm{rg}(\begin{bmatrix}\mathbf{b_0}(\tau) & \mathbf{b_1}(\tau) & \ldots\end{bmatrix}) = n \tag{12.4}$$

Diese Beziehung lässt sich weiter vereinfachen, wenn $\mathbf{b}$ eine Konstante ist. Es gilt dann:

$$\det \begin{bmatrix}\mathbf{b} & \mathbf{Ab} & \ldots & \mathbf{A^{n-1}b}\end{bmatrix} \neq 0 \tag{12.5}$$

12.3 LQR-Regelung

Sei das lineare System mit Steuerung (12.1). Sei $\mathbf{W}(t)$ und $\mathbf{Q}(t)$ zwei symmetrische und positiv definite Matrizen in $\mathcal{M}_n(\mathbb{R})$. Sei $U(t)$ eine positiv definit skalare Funktion der Zeit.

Sei $\mathbf{z}$ eine Lösung von (12.1) mit den Anfangsbedingungen $\mathbf{z}(t_0) = \mathbf{z_0}$. Der Abstand zwischen $\mathbf{x}$ und $\mathbf{z}$ soll minimiert werden. Das quadratische Kostenfunktional, das zur Steuerung u assoziiert wird, lautet:

$$\begin{aligned} C(u) =& (\mathbf{x}(T) - \mathbf{z}(T))^{\mathrm{T}}\mathbf{Q}(\mathbf{x}(T) - \mathbf{z}(T)) + \\ & \int_{t_0}^{T} \left((\mathbf{x}(\tau) - \mathbf{z}(\tau))^{\mathrm{T}}\mathbf{W}(\tau)(\mathbf{x}(\tau) - \mathbf{z}(\tau)) + U(\tau)u(\tau)^2\right) \mathrm{d}\tau \end{aligned} \tag{12.6}$$

Es gibt eine einzige optimale Steuerung, die das Kostenfunktional $C(u)$ minimiert. Es gilt:

$$u(t) = U(t)^{-1}\mathbf{b}(t)^{\mathrm{T}}\mathbf{R}(t)(\mathbf{x}(t) - \mathbf{z}(t)) \tag{12.7}$$

Die Matrix $\mathbf{R}$ gehört zu $\mathcal{M}_n(\mathbb{R})$ und ist die Lösung der folgenden Riccati-Gleichung:

$$\begin{aligned} \frac{\mathrm{d}\mathbf{R}}{\mathrm{d}t} &= \mathbf{W} - \mathbf{A}^{\mathrm{T}}\mathbf{R} - \mathbf{R}\mathbf{A} - \mathbf{R}\mathbf{b}U^{-1}\mathbf{b}^{\mathrm{T}}\mathbf{R} \\ \mathbf{R}(T) &= -\mathbf{Q} \end{aligned} \tag{12.8}$$

Die Steuerung u ist linear bezüglich $\mathbf{x} - \mathbf{z}$. Es handelt sich um eine optimale *Regelung*.

12.4 Beobachtbarkeit

Die Steuerung u ist eine Funktion des vollen Zustandsvektors $\mathbf{x}$. Infolgedessen werden viele Sensoren gebraucht, um das Steuerungsgesetz zu erzeugen. Es würde sich anbieten, eine Regelung basierend auf einem Beobachter zu entwickeln. Es soll aber erst geprüft werden, ob der volle Zustandsvektor aus ausgewählten Zustandsgrößen abgeleitet werden kann. In diesem Fall ist das System beobachtbar.

In dieser Arbeit wird ein Sonderfall betrachtet. Die Systematrix $\mathbf{A}$ ist konstant. Die Ausgangsmatrix $\mathbf{c}^{\mathrm{T}}$ gehört zu $\mathcal{M}_{1,n}(\mathbb{R})$ und ist ebenso konstant. Der Ausgang $\mathbf{y}$ wird folgenderweise definiert.

$$\mathbf{y} = \mathbf{c}^{\mathrm{T}}\mathbf{x} \tag{12.9}$$

Der Beobachbarkeitskriterium lautet in diesem Fall:

$$\operatorname{rg}\left(\begin{bmatrix} \mathbf{c}^{\mathrm{T}} \\ \mathbf{c}^{\mathrm{T}}\mathbf{A} \\ \vdots \\ \mathbf{c}^{\mathrm{T}}\mathbf{A}^{n-1} \end{bmatrix}\right) = n \tag{12.10}$$

Abbildungsverzeichnis

Literatur

[1] Jesper ADOLFSSON, Harry DANKOWICZ und Arne NORDMARK. „3D passive walkers: finding periodic gaits in the presence of discontinuities“. In: *Nonlinear Dynamics* 24 (2 2001), S. 205–229. ISSN: 0924-090X.

[2] Abdullah ALSUWAIYAN und Steven W. SHAW. „Performance and dynamic stability of general-path centrifugal pendulum vibration absorbers“. In: *Jounal of sound and vibration* 252 (2002), S. 791–815.

[3] Julian BAUMANN u. a. „Model-based predictive anti-jerk control“. In: *Control Engineering Practice* 14.3 (2006), S. 259 –266. ISSN: 0967-0661.

[4] Richard Ernest BELLMAN und Robert E. KALABA. *Quasilinearization and nonlinear boundary-value problems.* Modern analytic and computational methods in science and mathematics. American Elsevier Pub. Co., 1965.

[5] Mario di BERNARDO u. a. *Piecewise-smooth dynamical systems.* Springer-Verlag, 2008.

[6] Ilja BLECHMAN, Anatolji MYSKIS und Jakov PANOVKO. *Angewandte Mathematik: Gegenstand, Logik, Besonderheiten.* Deutscher Verlag der Wissenschaft, 1984.

[7] Iliya I. BLEKHMAN. *Vibrational mechanics.* Allied publishers, 2000.

[8] Arthur E. Jr. BRYSON und Yu-Chi HO. *Applied optimal control: optimization, estimation, and control.* Taylor & Francis, 1975.

[9] Alessandro CARELLA. „Passive vibration isolators with high passive low dynamic stiffness“. Diss. university of Southampton, 2008.

[10] Fabio CASCIATI, Georges MAGONETTE und Francesco MARAZZI. *Technology of semiactive devices and applications in vibration mitigation.* John Wiley und Sons, Inc., 2006.

[11] C. F. CHEN. „Hurwitz's stability criterion and Fuller's aperiodicity criterion in nonlinear systems analysis“. In: *International journal of electronics* 31.6 (1971), S. 609–619.

[12] Johan M. CRONJÉ u. a. „Development of a variable stiffness and damping tunable vibration isolator“. In: *Journal of vibration and control* 11 (2005), S. 381–396.

[13] Jacob Pieter DEN HARTOG. *Mechanical vibrations.* McGraw-Hill Book Company, 1956.

[14] René DESCARTES. *Traité de l'homme.*

[15] DPA und TMN. „Zylinderabschaltung: Spaß mit acht, sparen mit vier“. In: *Handelsblatt.com* (17.07.2009).

[16] Hans Dresig. *Schwingungen mechanischer Antriebsysteme.* Springer-Verlag, 2001.

[17] R.D. Eyres u. a. „Grazing bifurcation and chaos in the dynamics of a hydraulic damper with relief valves“. In: *SIAM Journal on applied dynamical systems* 4 (2005), S. 1076–1106.

[18] Alexander Fidlin. *Nonlinear oscillations in mechanical engineerung.* Springer-Verlag, 2005.

[19] Alexander Fidlin und Roland Seebacher. „Simulationstechnik am Beispiel des ZMS“. In: *8. Luk Kolloquium.* 2006, S. 54–71.

[20] Otto Föllinger. *Regelungstechnik.* Hüthig, 1994.

[21] Oswald Friedmann, Manfred Homm und Michael Genzel. „Druckmittelanlage sowie ein Verfahren zu deren Anwendung“. DE 197 27 358 B4. 1998.

[22] A. T. Fuller. „Condition for aperiodicity in linear systems“. In: *British journal of applied physics* 6 (1955), S. 195–198.

[23] Felix R. Gantmacher. *The theory of matrices.* Bd. 2. Chelsea publishing company, 2000.

[24] Robert Gasch und Klaus Knothe. *Strukturdynamik, Kontinua und Ihre Diskretisierung.* Bd. 2. Springer-Verlag, 1989.

[25] Robert J. Guyan. „Reduction of stiffness and mass matrices“. In: *AIAA Journal* 3 (1965), S. 380.

[26] Damiel Guyomar u. a. „Semi-passive vibration control: principle and applications“. In: *Annals of the university of Craiova* 30 (2006), S. 57–62.

[27] Peter Hagedorn. *Nichtlineare Schwingungen.* Akademische Verlagsgesellschaft, 1978.

[28] R.L. Haupt und S.E. Haupt. *Practical genetic algorithms.* Wiley-Interscience publication. John Wiley, 2004. ISBN: 9780471455653.

[29] Walter C. Hurty. „Dynamic analysis of structural systems using component modes“. In: *AIAA Journal* 3 (1965), S. 678–685.

[30] Adolf Hurwitz. „Über die Bedingungen, unter welchen eine Gleichung nur Wurzeln mit negativ reellen Teilen besitzt“. In: *Mathematische Annalen* 46 (1895), S. 273–284. URL: `http://control.ee.ethz.ch/hurwitz/pics/hintergrnd_Seite116.jpg`.

[31] R.A. Ibrahim. „Recent advances in nonlinear passive vibration isolators“. In: *Journal of sound and vibration* 314 (2008), S. 371–452.

[32] Laurent Ineichen, Eugen Kremer und Wolfgang Reik. „Torsionsschwingungsdämpfer“. Deutsch. DE102008003988A1 (77815 BÜHL, DE). 7. Aug. 2008.

[33] Laurent Ineichen, Eugen Kremer und Andreas Triller. „Drehschwingungsdämpfer“. Deutsch. DE 102009059896.4 (77815, Bühl, DE). 2010.

[34] Laurent Ineichen u. a. „Torsionsschwingungsdämpfer“. Deutsch. DE102008027080A1 (77815 BÜHL, DE). 5. Juni 2008.

[35] Nader JALILI. „A comparative study and analysis of semi-active vibration-control systems“. In: *Journal of vibration and acoustics* 124 (2002), S. 593–605.

[36] Carsten JOACHIM. „Optimierung des Schaltprozesses bei schweren Nutzfahrzeugen durch adaptive Momentenführung“. Diss. Technische Universität Stuttgart, 2010.

[37] Dennis de KLERK, Daniel D. RIXEN und Sven N. VOORMEEREN. „General framework for dynamic substructuring: history, review, and classification of techniques“. In: *AIAA Journal* 46.5 (2008), S. 1169–1181. DOI: 10.2514/1.33274.

[38] Granino Arthur KORN und Theresa M. KORN. *Mathematical handbook for scientists and engineers.* Dover Publications, 2000.

[39] Agnessa KOVALEVA. *Optimal control of mechanical oscillations.* Springer-Verlag, 1999.

[40] Eugen B. KREMER. „About absolute stability of control valves“. In: *ENOC.* http://lib.physcon.ru/doc?id=d354de706a04, 2008, online Publikation.

[41] Jürgen KROLL, Ad KOOY und Roland SEEBACHER. „Torsionsschwingungsdämpfung für zukünftige Motoren“. In: *9. Schaeffler Kolloquium.* 2010, S. 28–39.

[42] Byung-Moon KWON, Myung-Eui LEE und Oh-Kyu KWON. „On nonovershooting or monotone nondecreasing step response of second-order systems“. In: *Transactions on control, automation and systems engineering* 4.4 (2002), S. 283–288.

[43] Joseph P. LASALLE. *Stability of dynamical systems.* Society for industrial und applied mathematics, 1976.

[44] C.-T. LEE und Steven. W. SHAW. „The non-linear dynamic response of paired centrifugal pendulum vibration absorbers“. In: *Journal of sound and vibration* 203 (1997), S. 731–743.

[45] Daniel LIBERZON und A. Stephen MORSE. „Basic problems in stability and design of switched systems“. In: *IEEE Control Systems Magazine* 19 (1999), S. 59–70.

[46] Gábor LICZKÓ, Alan CHAMPNEYS und Csaba HÓS. „Dynamical analysis of a hydraulic pressure relief valve“. In: *Proceedings of the World Congress on Engineering* 2 (2009).

[47] Alfred-Marie LIÉNARD und Albert Henri CHIPART. „Sur le signe de la partie réelle des racines d'une équation algébrique“. In: *Journal des mathématiques pures appliquées* 10 (1914), S. 291–346.

[48] Shir-Kuan LIN und Chang-Jia FANG. „Nonovershooting and monotone nondecreasing step responses of a third order SISO linear system“. In: *IEEE transactions on automatic control* 42.9 (1997), S. 1299–1303.

[49] G. P. LIU und S. DALEY. „Optimal-tuning nonlinear PID controlof hydraulic systems“. In: *Control engineering practice* 8 (2000), S. 1045–1053.

[50] Kefu LIU und Liu JIE. „The damped dynamic vibration absorbers: revisited and new results“. In: *Jounal of sound and vibration* 284 (2005), S. 1181–1189.

[51] Yanqing LIU, Hiroshi MATSUHITA und Hideo USUNO. „Semi-active vibration isolation system with variable stiffness and damping control“. In: *Jounal of sound and vibration* 313 (2008), S. 16–28.

[52] Jing-jun LOU u. a. „Application of chaos method to line spectra reduction“. In: *Journal of sound and vibration* 286 (2005), S. 645–652.

[53] Paul LUEG. „Process of silencing sound oscillations“. Englisch. 2043416. 1936.

[54] John F. MADDEN. „Constant frequency bifilar vibration absorber“. 4218187. 1980.

[55] Kurt MAGNUS und Karl POPP. *Schwingungen.* Teubner Verlag, 2002.

[56] Bálint MAGYAR, Csaba HÓS und Gábor STÉPÁN. „Influence of control valve delay and dead zone on the stability of a simple hydraulic positioning system“. In: *Mathematical Problems in Engineering* 2010 (2010), S. 15.

[57] Joel G. MALKIN. *Theorie der Stabilität einer Bewegung.* R. Oldenburg, 1959.

[58] Shinichi MARUYAMA, Ken-ichi NAGAI und Tsuyoshi ENDO. „Experiments on vibration reduction using chaotic responses of a post-buckled beam constrained by stretched strings“. In: *ENOC Proceedings.* 2011.

[59] Dennis P. MCGUIRE. „High stiffness ("rigid") helicopter pylon vibration isolation system“. In: *American helicopter society 59th annual forum.* 2005.

[60] Francis C. MOON. *Chaotic vibrations.* John Wiley, 1987.

[61] Peter C. MÜLLER. „Calculation of Lyapunov exponents for dynamic systems with discontinuities“. In: *Chaos, Solitons & Fractals* 5.9 (1995), S. 1671 –1681. ISSN: 0960-0779.

[62] Hubertus MURRENHOF. *Servohydraulik - Geregelte hydraulische Antriebe.* Shaker Verlag, 2008.

[63] Tyler M. NESTER u. a. „Experimental observations of centrifugal pendulum vibration absorbers“. In: *The 10th international symposium on transport phenomena and dynamics of rotating machinery.* 2004.

[64] Henk NIJMEIJER und Arian J. van der SCHAFT. *Nonlinear dynamical control systems.* Springer-Verlag, 1990.

[65] F. NUCERA u. a. „Application of broadband nonlinear targeted energy transfers for seismic mitigation of a shear frame: Experimental results“. In: *Journal of Sound and Vibration* 313.1–2 (2008), S. 57 –76. ISSN: 0022-460X. DOI: 10.1016/j.jsv.2007.11.018. URL: http://www.sciencedirect.com/science/article/pii/S0022460X07008978.

[66] Yakov Gilelevich PANOVKO und Iskra Ivanovna GUBANOVA. *Stability and oscillations of elastic systems.* Consultants Bureau, 1965.

[67] T. S. PARKER und L. O. CHUA. *Practical numerical algorithms for chaotic systems.* Springer-Verlag, 1989.

[68] Susan F. PHILLIPS und Dale E. SEBORG. „Conditions that guarantee no overshoot for linear systems“. In: *International Journal of Control* 47 (1988), S. 1043–1059.

[69] Henri POINCARÉ. *Les méthodes nouvelles de la mécanique céleste.* Bd. 1. S. 82. Gauthier-Villars, Paris, 1892.

[70] G. POPOV. „Theoretical analysis of damping properties of two-degree-of-freedom linear vibrational systems“. In: *Proceedings of the institution of mechanical engineers.* Bd. 210. Sage Publications, 1996, S. 79–90.

[71] André PREUMONT. *Vibration control of active structures.* Kluwer academic publishers, 2002.

[72] D. Dane QUINN u. a. „Efficiency of targeted energy transfers in coupled nonlinear oscillators associated with 1:1 resonance captures: Part I“. In: *Journal of sound and vibration* 311 (2008), S. 1228–1248.

[73] A. RACHID. „Some conditions on zeros to avoid step-response extrema“. In: *IEEE transactions on automatic control* 40.8 (1995), S. 1501–1503.

[74] Arun RAMARATNAM und Nader JALILI. „A switched stiffness approach for structural vibration control: theory and real-time implementation“. In: *Jounal of sound and vibration* 291 (2006), S. 258–274.

[75] B RAVINDRA und K MALLIK. „Performance of non-linear vibration isolators under harmonic excitation“. In: *Journal of sound and vibration* 170 (1994), S. 325–337.

[76] Wolfgang REIK. „Torsional vibration isolation in the drive train. An evaluative study“. In: *Torsional vibrations in the drive train. 4th International Luk Symposium.* 1990, S. 5–28.

[77] Michael RIEMER, Jörg WAUER und Walter WEDIG. *Mathematische Methoden der technischen Mechanik.* 2007.

[78] H RÖHRLE. „Frequency-dependent condensation for structural dynamic problems“. In: *Jounal of sound and vibration* 20 (1972), S. 414–414.

[79] Edward John ROUTH. *The advanced part of a treatise on the dynamics of a system of rigid bodies.* MacMillan und Co., 1885.

[80] Ulrich SEIFFERT und Rainer GOTTHARD. *Virtuelle Produktentstehung für Fahrzeug und Antrieb im Kfz.* Viehveg+Teubner Verlag, 2008.

[81] Alexander P. SEYRANIAN und Alexei A. MAILYBAEV. *Multiparameter stability theory with mechanical applications.* World Scientific Publishing, 2003.

[82] V. SINGH. „A counterexample to harmonic linearization“. In: *Proceedings of the IEEE* 63 (1975), S. 1114.

[83] I.J SOKOLOV, V. I. BABITSKY und N. A. HALLIWELL. „Hand-held percussion machines with low emission of hazardous vibration“. In: *Jounal of sound and vibration* 306 (2007), S. 59–73.

[84] Christoph STARK. „Erweiterung der harmonischen Balance für die numerische Berechnung stationärer deterministischer und chaotischer Eigenschwingungen in nichtlinearen Systemen“. Diss. Universität der Bundeswehr München, 2001.

[85] Steven H. STROGATZ. *Nonlinear dynamics and chaos: with applications to physics, biology, chemistry, and engineering.* Westview Press, 1994. ISBN: 9780738204536.

[86] Stefan THOMKE und Takahiro FUJIMOTO. „The Effect of "Front-Loading"Problem-Solving on Product Development Performance“. In: *Journal of Product Innovation Management* 17 (2000), S. 128–142.

[87] Jon Juel THOMSEN. *Vibration and stability: advanced theory, analysis and tools.* Springer-Verlag, 2003.

[88] Ales TONDL u. a. *Autoparametric resonance in mechanical systems.* Cambridge University Press, 2000.

[89] Dara D. TORKZADEH. *Echtzeitsimulation der Verbrennung und modellbasierte Reglersynthese am Common-Rail-Dieselmoto.* Logos Berlin, 2003.

[90] Emmanuel TRÉLAT. *Contrôle optimal : théorie & applications.* Vuibert, 2005.

[91] Richard L. TURNER. *Inverse of the Vandermonde matrix with applications.* Techn. Ber. Nasa, 1966.

[92] P. L. WALSH und J. S. LAMANCUSA. „A variable stiffness vibration absorber for minimization of transient vibrations“. In: *Jounal of sound and vibration* 158 (1992), S. 195–211.

[93] X WANG und D DENKER. „Hydraulic engine mount isolation for improved vehicle vibration“. In: *12th European ADAMS User's Conference* (1997).

[94] Lena WEBERSINKE. *Adaptive Antriebsstrangregelung für die Optimierung des Fahrverhaltens von Nutzfahrzeugen.* Universitätsverlag Karlsruhe, 2008.

[95] Wiro WICKORD und Jörg WALLASCHEK. „Front load design: handling uncertainty in product design“. In: *Proceedings of the 7th European Concurrent Engineering Conference, Concurrent Engineering in the Framework of IT Convergence.* Leicester, UK, 2000.

[96] J.T. XING, Y.P. XIONG und W.G. PRICE. „Passive–active vibration isolation systems to produce zero or infinite dynamic modulus: theoretical and conceptual design strategies“. In: *Journal of sound and vibration* 286 (2005), S. 615–636.

[97] Lu YANG. „Recent advances on determining the number of real roots of parametric polynomials“. In: *Journal of symbolic computation* 28 (1999), S. 225–242.

[98] Lu YANG, Xiarong HOU und Zhenbing ZENG. „A complete discrimination system for polynomials“. In: *Science in China (Series E)* 390 (1996), S. 628–646.

[99] Schaochun YE und Keith A. WILLIAMS. „Comparison of actuators for semi-active torsional vibration control“. In: *Proceedings of the SPIE.* Bd. 6166. 2006.

KARLSRUHER INSTITUT FÜR TECHNOLOGIE (KIT)
SCHRIFTENREIHE DES INSTITUTS FÜR TECHNISCHE MECHANIK (ITM)

ISSN 1614-3914

Die Bände sind unter www.ksp.kit.edu als PDF frei verfügbar oder als Druckausgabe zu bestellen.

Band 1 **Marcus Simon**
Zur Stabilität dynamischer Systeme mit stochastischer Anregung. 2004
ISBN 3-937300-13-9

Band 2 **Clemens Reitze**
Closed Loop, Entwicklungsplattform für mechatronische Fahrdynamikregelsysteme. 2004
ISBN 3-937300-19-8

Band 3 **Martin Georg Cichon**
Zum Einfluß stochastischer Anregungen auf mechanische Systeme. 2006
ISBN 3-86644-003-0

Band 4 **Rainer Keppler**
Zur Modellierung und Simulation von Mehrkörpersystemen unter Berücksichtigung von Greifkontakt bei Robotern. 2007
ISBN 978-3-86644-092-0

Band 5 **Bernd Waltersberger**
Strukturdynamik mit ein- und zweiseitigen Bindungen aufgrund reibungsbehafteter Kontakte. 2007
ISBN 978-3-86644-153-8

Band 6 **Rüdiger Benz**
Fahrzeugsimulation zur Zuverlässigkeitsabsicherung von karosseriefesten Kfz-Komponenten. 2008
ISBN 978-3-86644-197-2

Band 7 **Pierre Barthels**
Zur Modellierung, dynamischen Simulation und Schwingungsunterdrückung bei nichtglatten, zeitvarianten Balkensystemen. 2008
ISBN 978-3-86644-217-7

KARLSRUHER INSTITUT FÜR TECHNOLOGIE (KIT)
SCHRIFTENREIHE DES INSTITUTS FÜR TECHNISCHE MECHANIK (ITM)

ISSN 1614-3914

Band 8 **Hartmut Hetzler**
Zur Stabilität von Systemen bewegter Kontinua mit Reibkontakten am Beispiel des Bremsenquietschens. 2008
ISBN 978-3-86644-229-0

Band 9 **Frank Dienerowitz**
Der Helixaktor – Zum Konzept eines vorverwundenen Biegeaktors. 2008
ISBN 978-3-86644-232-0

Band 10 **Christian Rudolf**
Piezoelektrische Self-sensing-Aktoren zur Korrektur statischer Verlagerungen. 2008
ISBN 978-3-86644-267-2

Band 11 **Günther Stelzner**
Zur Modellierung und Simulation biomechanischer Mehrkörpersysteme. 2009
ISBN 978-3-86644-340-2

Band 12 **Christian Wetzel**
Zur probabilistischen Betrachtung von Schienen- und Kraftfahrzeugsystemen unter zufälliger Windanregung. 2010
ISBN 978-3-86644-444-7

Band 13 **Wolfgang Stamm**
Modellierung und Simulation von Mehrkörpersystemen mit flächigen Reibkontakten. 2011
ISBN 978-3-86644-605-2

Band 14 **Felix Fritz**
Modellierung von Wälzlagern als generische Maschinenelemente einer Mehrkörpersimulation. 2011
ISBN 978-3-86644-667-0

KARLSRUHER INSTITUT FÜR TECHNOLOGIE (KIT)
SCHRIFTENREIHE DES INSTITUTS FÜR TECHNISCHE MECHANIK (ITM)

ISSN 1614-3914

Band 15 **Aydin Boyaci**
Zum Stabilitäts- und Bifurkationsverhalten hochtouriger Rotoren in Gleitlagern. 2012
ISBN 978-3-86644-780-6

Band 16 **Rugerri Toni Liong**
Application of the cohesive zone model to the analysis of rotors with a transverse crack. 2012
ISBN 978-3-86644-791-2

Band 17 **Ulrich Bittner**
Strukturakustische Optimierung von Axialkolbeneinheiten. Modellbildung, Validierung und Topologieoptimierung. 2013
ISBN 978-3-86644-938-1

Band 18 **Alexander Karmazin**
Time-efficient Simulation of Surface-excited Guided Lamb Wave Propagation in Composites. 2013
ISBN 978-3-86644-935-0

Band 19 **Heike Vogt**
Zum Einfluss von Fahrzeug- und Straßenparametern auf die Ausbildung von Straßenunebenheiten. 2013
ISBN 978-3-7315-0023-0

Band 20 **Laurent Ineichen**
Konzeptvergleich zur Bekämpfung der Torsionsschwingungen im Antriebsstrang eines Kraftfahrzeugs. 2013
ISBN 978-3-7315-0030-8